河出文庫

プリニウスと怪物たち

澁澤龍彦

河出書房新社

プリニウスと怪物たち　目次

プリニウスと怪物たち

スキヤポデス

ヨーロッパの中世は幻想動物の花ざかりである。いや、動物ばかりでなく、書物や造形美術の世界には、畸形人間ともいうべき怪物までが、おびただしく登場する。まだ地理上の発見が行われず、世界全体に対する知識が広く及んでいなかった時代には、ひとびとは頭のなかで空想をたくましくして、見たこともない世界の辺境に、そのような怪物が実際に棲んでいると考えたらしいのだ。

そのような辺境の畸形人間のなかで、私のいちばん気に入っている、ちょっとユーモラスなところがなくもない、スキヤポデスという種族を次に御紹介しよう。

スキヤポデスとは、インド（リビア説もある）に棲むと伝えられる一本足の人間の種族で、スキヤ skia はギリシア語で影を意味し、ポデス podes は足を意味する。プリニウスの『博物誌』第七巻二章によると、彼らは一本足できわめて速く走るし、またその足は非常に大きいので、眠るとき傘のように頭の上にかざして、たくみに日除けにするともいう。大きな一本の足を頭の上に持ちあげた、愉快な恰好をしたスキヤポデスの姿は、十二世紀のロマネスク寺院の装飾にも現われるし、あるいは十五、十六世紀の博物誌の本にもしばしば眺められる。

「私たちの教会の柱頭装飾に、スキヤポデスが一本足で太陽の熱から身を守っている姿を眺めると、この寓話には一見、中世の刻印が打たれているような気がする。しかし驚いたことに、この寓話はひとりのギリシア人によって、西欧世界にみちびき入れられたのである」と述べているのは名高い中世美術史家のエミール・マール（『フランス十三世紀の宗教美術』）である。この「ひとりのギリシア人」とは、プリニウスよりもさらに前の時代のクテシアスにほかならない。

クテシアスは紀元前四世紀後半、ペルシア軍に捕えられ、ペルシア王アルタクセルクセス二世の侍医として十七年間を過した男だった。ギリシアに帰ってから、当時の見聞をもとにして、インドに関する地誌を書いたが、実際にはインドへ行ったことはなかったのである。しかし彼の書いた空想的なインドの物語は、ギリシア世界で大い

スキヤポデスその他の怪物　セバスティアン・ミュンスターの『年代記』より

に歓迎された。このクテシアスのインドの物語のなかに、一本足のスキヤポデスだとか、犬の頭をした人間キュノケファロスだとか、背の高さが三十センチしかない小人ピュグマイオイだとか、人間の頭をした獅子マルティコラスだとか、黄金の宝を守る怪獣グリフィンだとか、さては一角獣だとかいった生きものが登場していたのである。

　クテシアスより百年後に、同じくギリシア人のメガステネスが、シリア王セレウコス一世の特派使節として、今度は実際にインドの地に足を踏み入れ、ベナレスの先のパータリプトラ（現在のパトナ）に駐在し、やはり帰国後にインド誌を書いているが、この本にもまた、クテシアスのそれと似たような、空想的な生きものに関する記述は頻出している。自分でインドを見てきたというのに、不思議なこともあればあるものである。おそらく、彼は読者を喜ばせるために、承知で嘘八百をならべ立てたのにちがいない。

この嘘八百は、ローマの時代になっても、書物から書物へと受け継がれた。プリニウスがこれを『博物誌』のなかに集大成し、ソリヌスがこれを抜萃して『地誌』を書いた。聖アウグスティヌスもまた、その『神の国』の第十六巻八章に、これらの怪物たちの名前をずらずら書きならべている。もっとも、さすがに彼は、空想的な怪物どもの実在を幾らか疑っている。かりに怪物どもが実在するとしても、それは自然の理法であり、彼らとてアダムの子孫であることに変りはないのだから、いたずらに差別したりしてはいけないと教えている。

こうして中世になってからも、相変らず怪物伝説は生き残ったのである。一千年も遠い昔の曖昧な伝説が、中世の学僧たちの書物のなかにそのまま受け継がれ、同時にまた、それがロマネスクの石造建築の装飾テーマとして利用されたわけだった。エミール・マールでなくても、これには驚かざるを得ないだろう。

いったい、これらの滑稽な怪物たちは、忌わしい悪魔ではないのだろうか。一本足の怪物や、犬の頭をした畸形人間の霊魂も、私たちの霊魂と同じように、神に救われて天国に入ることができるのだろうか。——この問題は、中世の僧侶たちの頭を悩ませた難問だった。しかし聖アウグスティヌスも述べているように、これらの怪物たちもまた、アダムの子孫であることに変りはなかったのである。古代の伝説によれば、辺境に棲む彼らもまた、織物を織ることができ、国家を形成することを知っていたのである。

それればかりではない、オリエントの伝説では、あの幼児キリストを背負って川を渡ったという渡守の聖クリストフォロスも、犬の頭をしたキュノケファロスの種族だった。怪物も、場合によっては聖人になることさえできたのである。だから中世の芸術家たちが、ロマネスク寺院の装飾に、これらの怪物たちの姿を刻みつけたとしても、べつに少しも不思議はなかったのである。

名高いフランス中部のヴェズレーの教会の正面扉口には、キュノケファロスやピュグマイオイとともに、巨大な貝殻のような耳をぴんと立てた、スキタイ地方に棲むといわれる、パノッティという畸形種族も彫り刻まれている。いずれもキリストの福音によって、救われるべき畸形人間の種族なのである。彼らは決して悪魔ではなかったのだ。

さて、スキヤポデスに話をもどそう。

そもそもスキヤポデスのような、一本足を傘のように頭の上にかざしているといった畸形人間のイメージが、古代人の心に、どのようにして思い浮かんだのだろうか。これについては、十四世紀の初頭、ローマ法王の書簡をもって中国（当時の元）に赴いた、フランチェスコ会の宣教師ジョヴァンニ・ダ・マリニョリの『ボヘミヤ年代記』のなかに、おもしろい指摘がある。彼は辺境の怪物の実在を、すべて詩人の空想として一蹴し、インド人は一般に裸で歩くとき、頭上に日傘をさす習慣があるから、これが足のように見えたのであろう、と割り切っているのだ。

しかし、このような合理的な説明は、私にはどうも散文的すぎて、まことに味気ないような気がしないこともない。たとえばケンタウロス（半人半馬の怪獣）の起源を説明するのに、ホメロス時代のギリシア人は馬に乗ることを知らなかったから、初めて見た放浪の騎馬民族を、あたかも人馬一体の生きものであるかのごとくに考えたのであろう、と説く学者がある。ちょうどインカ帝国を征服したフランシスコ・ピサロの軍隊の騎馬武者たちが、アメリカ・インディアンの目には、やはりケンタウロスのように見えたであろうように。――しかし、この説明も合理的すぎて、私には眉唾物のように思われる。

むしろ古代のひとびとは、純粋な想像力の遊びを楽しんだのではなかろうか。私には、そんな気がしてならないのである。

たとえば紀元前四世紀頃に成立したとおぼしい、わが国でも江戸時代から広く読まれていた、中国古代の怪物誌ともいうべき『山海経』がある。おもしろいことに、この古くから伝わる『山海経』の挿絵のなかにも、スキヤポデスやキュノケファロスにそっくりな、国境外の遠い国々に棲む畸形人間のイメージがたくさん出てくるのだ。ヴェズレー教会の石に刻まれたパノッティとよく似た、巨大な耳を押し垂らした種族も出てくる。頭がなくて、胸の上に目鼻のついた無頭人のイメージなどは、ヨーロッパのそれと、驚くほどよく似ていると言ってよい。

どうやら異なった民族や文化が接触しながらも、その間のコミュニケーションが意のままにならなかった暗黒の時代には、世界のどの地方でも、好奇心にふくれあがった民衆の想像力が、このような畸形人間の存在を思い描くものらしいのである。

それは後世の学者の、無理にひねくり出した合理的な説明などとは何の関係もない、人間の想像力の自由な展開だったと思われる。私たちは、これを神話的な想像力と呼んでよいかもしれない。

アリマスポイ人

プリニウス　『博物誌』第七巻第二章

すでに指摘したように、スキュティアの蛮族のあいだには人肉を食う多くの種族がある。世界の中心にしか目を向けていないひとには、これがありうべからざることのように見えるかもしれない。しかしシシリア島にだってキュクローペス族やライストリュゴン族のような怪物じみた連中がいたのであり、ごく最近のことにしても、アルプスの向うには人間犠牲を習慣としている連中がいたのだ。人間を食うことと犠牲にすることとのあいだには、それほどの差はないであろう。

この北方スキュティアのごく近く、ボレアスの住む洞窟があって北風のおこる地点から遠からぬところに、ギリシア語でゲース・スレイトロン（大地の閂《かんぬき》）と呼ばれる場所があり、すでに引用したように、そこにアリマスポイ人が発見される。額のまんなかの一眼によって知られる民族だ。伝説が語っているように、この連中は鉱山の近くで、一種の有翼の動物であるグリュプスどもとたえず戦っている。グリュプスどもは地下の坑道から黄金を採掘しているので、アリマスポイ人がこれを奪おうとするや、たけり狂って阻止しようとするのだ。以上のごときがヘロドトス、プロコネソスのアリステアスをはじめとする多くの著者の語るところである。

サラマンドラよ、燃えよ

今世紀に生きた謎のヘルメス学者として、しばしば錬金術の研究書にその名を引用されるフルカネルリの著作に、一九三〇年初版刊行の『賢者の邸宅』という分厚い本がある。おもしろい本で、私も屈託すると、よくページをひらいて図版を眺めながら、気ままに拾い読みしたりする。賢者の邸宅とは、かつて錬金術師たちが住んでいたと推定される家のことで、そのような推定の根拠になるのは、それらの家に現在も残っている装飾、主として浮彫りの彫刻である。その彫刻の主題や意匠が、ヘルメス学を暗示するシンボリズムに満ちているからで、博学なフルカネルリが、これをいちいち私たちに解き明かしてくれるというわけだ。

この賢者の邸宅の一つに、北仏リジューの町に現今も素朴な外観を残している、十六世紀に建てられたとおぼしい、通称「サラマンドラ館」という家がある。ごく目立たない建物で、最初の持主はどんな人物であったか、どんな建築家によって建てられたか、それさえ今では解明する手がかりもない。ただ、フルカネルリの断言するところによれば、このサラマンドラ館の最初の造営者は、おそらく弾圧のために散り散りになったテンプル騎士団の残党と接触のあった、当時の何らかの秘密結社に加入していたと考えられる、きわめて学識の高い錬金術師だったにちがいないのである。

フルカネルリをして、このような確信をいだかしめるにいたった所以のものは、申すまでもなく、このサラマンドラ館の正面玄関や建物の側面に眺められる、一見したところ、私たちには何を意味するのか分らない、装飾の木彫りの彫刻が示しているヘルメス学的なシンボリズムなのであるが、この点について、ここで詳述するのは控えておこう。差しあたって私が語りたいと思うのは、それらの装飾よりも、むしろ錬金術的象徴としてのサラマンドラそのものなのだから。

その名が示す通り、このサラマンドラ館には、建物の各所にサラマンドラ（火とかげ）の装飾が配置されている。いわば紋章、あるいは館の守護精霊でもあろうか。ちょうど相似た賢者の邸宅として、リジューのサラマンドラ館よりもはるかに名高く、はるかに豪奢なブールジュのジャック・クール館のいたるところに、ハート形と帆立貝の貝殻の紋章が交互に刻まれていたのと同様である。ついでに述べておけば、十五世紀のフランスの歴史に大きな役割を演じた、このジャック・クールという風雲児的な商業資本家も、当時、錬金術師のパトロンではあるまいかと噂された人物で、その豪壮なゴシック式の大邸宅に見られる大理石の装飾には、やはり随所にヘルメス学への暗示が読みとれるという。帆立貝の貝殻（聖ヤコブの貝殻と呼ばれる）は、スペインの聖地コンポステラへ通う巡礼者たちのシンボルであると同時に、また錬金術師たちのシンボルでもあった。

それはともかく、サラマンドラに話をもどそう。

サラマンドラ館では、この火の中に棲むと言われた小動物の彫刻が、入口の右側の柱の柱頭にも、一階の中央支柱の持送りにも、さらに屋根裏部屋の明り取り窓の上にまで現われている。この家の造営者は、こうしてみると、よくよくサラマンドラに特別の愛着をいだいていたものと見える。サラマンドラと言えば、私たちはただちにフランソワ一世の紋章に登場する、首の長い、尾の先端に矢のついた、舌を出した火とかげの姿を思い出すが、フルカネルリの意見によれば、錬金術と火とかげには、紋章学の火とかげにおけるような、エロティックな俗悪な意味は全く含まれていないという。紋章学のサラマンドラにおける火が、「養う、そして消す」というラテン語の銘句に示されているように、もっぱら人間の情熱あるいは情欲の火を意味していたとすれば、錬金術におけるそれは、恩寵によって天界から降りてくる、賢者たちの「秘密の火」を意味していたのである。

ここで、しばらくフルカネルリの所説を離れて、錬金術師たちのあいだで非常に大きな、しかも複雑な役割を果している火のシンボルについて述べてみたい。

そもそも火とは、物質を苦しめ、これを死にまで至らしめて再生させるところの、錬金術の過程において欠くべからざる要素なのである。金属変成の動因である火は、錬金炉《アタノール》のなかで「哲学の卵」を加熱し、卵のなかの混合物質を変成せしめる働きをする。だから、この神秘的な火の住み処である錬金炉は、やがて解放されるべきあらゆる潜在的な性能の眠っている子宮なのであり、哲学の炉なのである。物質はそこで一度死んで、新らしい生命として再生するのだ。かくて、この過程を促進せしめる火の管理は、錬金作業のなかで最も困難をきわめたものであり、その加熱の方法は、最も大きな秘密に属するものであった。炉のなかの火は、物質を死なしめるためとはいえ、あまり強すぎてはいけないのである。スタニスラス・ド・ガイタが『黒魔術の鍵』のなかで述べているように、錬金炉のなかには炭火を置いてはいけない。なぜかと言えば、「この燃料の過激な熱は、物質を殺し、王の子供の生まれてくる両性具有の金属の精子《スペルム》を焼き滅ぼしてしまうから」だ。物質を殺さずに壊死せしめるという、この困難な作業を遂行するには、むしろ弱い石油ランプの熱が適当であろう。

この「哲学の卵」を加熱する方法には四段階があったようであるが、しかし、そもそも錬金術における火は、通常の意味の物理的な火ではないということを、私たちはここで知っておくべきだろう。錬金術におけるアルス・マグナ（大技術）が、物質的な過程とともに、これに対応する霊的な過程をも含んでいたように、錬金作業における火は、物理的な火であるとともに、また目に見えない魂の火、精神の火でもあったわけである。いわゆる「秘密の火」あるいは「哲学の火」は、そのような意味における非物質的な火にほかならず、これは神の助力によらなければ、決して賢者たちの炉の上に降りてくることがない。古来、多くのヘルメス学者が錬金術の火を四つ、あるいは三つの範疇に分類しているのも、この火の神聖な性質に高い段階があることを強調するためであったと思われる。賢者たちはアルス・マグナを行うために、あらゆる肉の欲望を捨て去り、ひたすら神に祈念して、「秘密の火」の恩寵を得んと努めるのだ。

「秘密の火」のきわめて能動的な作用は、あらゆる物質界の変化を促進させ、金属の精子を活発ならしめる。それは水銀の凝集的、組織的な特性と、硫黄の乾燥的、固定的な特性とを兼ね備えた、いわば「反対の一致」を実現するような、二重の性格をあらわした火なのである。フィラレテスの表現を借りれば、「この二重の火は技術の中枢であって、車輪をまわし、車軸を動かすもの」である。だから「車輪の火」という言葉で呼ばれることもあるらしい。その活動は循環的な様式で展開し、その回転運動は運命の輪、あるいはウロボロス蛇によって象徴される。つまり、「秘密の火」は宇宙を動かす根本作用なのであって、その円環運動は「プラトンのサイクル」と呼ばれるように、土から水へ、水から空気へ、空気から火へ、火から土へという、四大の循環現象を結果せしめるのである。

フルカネルリは別の著作『カテドラルの秘密』のなかで、中世のロマネスクやゴシック寺院の円形をした薔薇形装飾を、この錬金術の車輪によって説明している。「薔薇はそれ自身、火の作用とその持続を表わしている」と彼は言う、「それ故にこそ中世の装飾芸術家は、シャルトル大聖堂の北側正面に見られるように、火の元素によって惹起された物質の運動を、彼らの薔薇窓のなかに表現しようと努力したのである。十四、十五世紀の建築には、中世美術の末期をはっきり特徴づける火のシンボルがきわめて多く、この時代の様式にゴシック・フランヴォワイヤン（火焰）という名をあたえているほどだ」と。

ここで、ふたたびサラマンドラの主題に立ちもどるとすれば、リジューのサラマンドラ館における火とかげの装飾には、おそらく、今まで私が述べてきたような、錬金術特有の火のシンボリズムが、幾重にも錯綜して、そのなかに籠められていたのではないかと考えられるのだ。おそらく、館の造営者はアルス・マグナの実践家で、神の恩寵による「秘密の火」の降下を、つねに祈念してやまなかった人物なのであろう。

わざわざ説明するまでもあるまいと思ったから、あえて今まで述べなかったけれども、サラマンドラとは、古代人によって火中に棲むと信じられた動物で、ヘルメス学においては、火の元素の精霊である。フルカネルリはラテン語のサラマンドラの語源を分析して、サル（塩）とマンドラ（洞窟あるいは隠遁所）とをそこに発見した。つまり、サラマンドラは暗い洞窟から生まれた塩の精、もしくは火の精なのである。

十七世紀の自由思想家シラノ・ド・ベルジュラックの小説『太陽諸国の滑稽物語』のなかに、火の動物であるサラマンドラと、氷の動物である小判鮫《レモラ》とが、死を賭した奇妙な戦いを演ずるエピソードが描かれているが、これもフルカネルリの意見によれば、ヘルメス学に造詣の深かった作者の筆になる、寓意的な物語として読まねばならない性質のものなのだ。つまり、サラマンドラは硫黄の原理を代表し、小判鮫《レモラ》は水銀の原理を代表する。ここでちょっと説明しておけば、小判鮫とは、やはり古代人の信じた想像上の魚で、北極の海に棲み、その吸盤によって、しばしば航行中の船を停止せしめてしまう。錬金術の象徴では、寒冷の海に棲むから水銀を表わし、サラマンドラの火のエネルギーを吸収してしまう。したがって、シラノのユートピア物語においても、長い執拗な闘争の末に、最後の勝利を得るのは小判鮫のほうなのである。

おもしろいのは、このシラノの小説のなかに出てくる太陽の国の一老人が、小判鮫に打ち倒されて死んだサラマンドラの屍体に近づいて、次のように言う部分であろう。すなわち、「この動物の屍体を、私は台所の燃料に利用するつもりです。これを自在鉤で吊しておけば、炉の上に置く物はすべて自然に煮え、自然に焼けるはずです。眼玉も大事に取っておくつもりです。それは二つの小さな太陽のように、死の暗闇を追い払ってくれます。私たちの世界の古代人は、この眼玉を利用することをよく心得ていて、これを燃えるランプと名づけ、もっぱら偉人の墓に吊しておいたものでした。」――フルカネルリはこの「燃えるランプ」について、薔薇十字の同志たちの最も不思議な発明品の一つと考えられている、あの「永遠のランプ」と同じものであろうと注記している。

*

サラマンドラに関する興味ぶかい資料はないものかと、私の貧弱な錬金術関係の書棚を探すと、もう一冊、図版入りの書物が見つかったので、これを次に紹介することにしよう。一六二五年にフランクフルトで刊行された、アブラハム・ラムスプリンクの『賢者の石について《デ・ラピデ・フィロソフィコ》』という書物の最新の覆刻本である。十五枚の銅版画シリーズで、それぞれの絵に晦渋な詩がついている。この書物の美しい銅版画は、クルト・セリグマンの『魔法』にも、C・G・ユングの『心理学と錬金術』にも、その一部が紹介されているから、ご存じの方も多かろうと思う。ただし、サラマンドラの出てくる第十番目の絵は、いずれの本にも紹介されていないようである。それは錬金術の達人が、ポセイドンのように三叉の槍をしごいて、焔のなかで焼かれている火とかげを引っくり返そうとしている図だ。何はともあれ、テキストを次に引用してみよう。

すべての旅人は私たちに告げる、
サラマンドラは火から生じると。
その食べ物も、その生命も火中にある。

それはみずからの性質によって、彼にあたえられたものだ。
だからサラマンドラは深い山に棲む。
そして人は効力のある四つの火を燃やす。
最初の火よりも次の火のほうが強い。
サラマンドラはまず、そこに身を浸す。
三番目の火は、じつのところ、いちばん強く燃える。
サラマンドラはそこで身を洗い、そこで身を清める。
それから自分の穴へ向って急ぐ。
けれども、たちまち彼は捕えられ、串刺しにされてしまう。
彼は死なねばならず、血を絞りとられねばならないからだ。
じつは、こうした処置が彼のためになる。
彼は永遠の生命を手に入れるからだ。
血の犠牲によって、それ以後、もう彼は死ぬことがない。
その血よりも貴重な薬品は、この世にない。
この世では、それ以上のものを求めることは不可能だ。
いかなる病気も、この血には抗《あらが》えない。

それは金属の、動物の、そして人間の身体を癒すのだ。
賢者の知恵もそこから生ずる。
賢者が神から天の贈与を受けるのも、そのためだ。
この贈与を賢者の石と称する。
この石には、あらゆる効能と力が宿っている。
賢者はこれを忝くも、私たちに授けてくれる。
だから私たちは賢者の栄光を称えなければならぬ。

舌足らずな古風な表現ではあるが、この詩の内容は明らかに、サラマンドラと賢者の石とのアナロジーの上に成り立っている、と言うことができるだろう。絵の説明として、「サラマンドラは火中に生きることができる。火がこれに最良の色をあたえる」とあるが、これは「哲学の卵」のなかで復活した材料が、錬金作業の最後の段階で、すべての虹色を通過したあと、輝くばかりの赤色を帯びるという一般の説とぴたり一致する。しかも、この詩においては、火とかげの「絞りとられた血」の赤色も暗示されているのだ。「山に棲む」サラマンドラは、鉱物あるいは金属の暗示であり、「四つの火」は、前に述べた「哲学の卵」を加熱するに必要な四段階の暗示であろう。

こう考えれば、この金属変成の秘法を歌った詩は、まことに論理的で、ほとんど間然するところがないようにさえ思われる。

＊

サラマンドラ、ラムスプリンク『賢者の石について』より

イモリあるいはサンショウウオという名前で現に実在する両棲類の動物が、どうして火のなかに棲むことができるとか、さらに火を消すことができるとかいったような、途方もない能力を有するものと考えられるにいたったのか、私たちには、これを推測する手がかりが全くない。とにかく古代以来、アリストテレスも、プリニウスも、アイリアノスも、その他多くの博物学者も、ある者は半信半疑ながら、この伝説を頭から信

じこんで、疑うということを知らなかったのである。おそらく、実験精神の旺盛な二世紀のガレノスと十三世紀のアルベルトゥス・マグヌスが、近代以前において、これを疑った唯一の学者だと言ってよいのではないか。プリニウスのごときは『博物誌』（第十巻六十七章）のなかで、次のように自信たっぷりに断言している。

「火とかげは大雨の時にしか現われず、お天気になると隠れてしまう。非常に冷たいので、その身体にふれると、氷にふれたように、火もたちまち消えてしまう。その口から吐き出される乳液状の血膿にふれると、人間の体毛はその部分だけ脱け落ちて、あとに白い斑点が残る。」

さらにプリニウスは、火とかげには雌雄の区別がなく、交尾によって子供を生まずに、オカルトな（不可解な）原因によって繁殖するのだと述べている。キリスト教の影響の強かった中世からルネサンス期にかけて、サラマンドラが純潔の象徴となったのは、それが情欲の火を消すという理由もさることながら、こんなところに遠い原因があったのかもしれない。

しかしプリニウスも『博物誌』第二十九巻の「薬物」編（二十三章）では、いささか自信を喪失したのか、火とかげの恐ろしい毒についてさんざん述べた末に、次のようなことを告白している。すなわち、「魔術師が火災に対して強いと称している火とかげの能力、つまり、火とかげが火を消してしまう唯一の動物だということについて言うならば、もしそれが確かな事実であれば、ローマ人がすでにこれを経験しているはずであろう。セクスティウスは、内臓を取り除いてから、蜜のなかに貯蔵した火とかげの脚や頭を食えば、性的欲望が昂進すると言っているが、この動物が火を消すということについては否定している」と。要するに、この程度の疑いならば、迷信家のプリニウスといえども、その心に兆すことがないわけでもなかったのであろう。

アイリアノスの『動物誌』（第二巻三十一章）には、鍛冶屋が鞴《ふいご》を使って炉に火をつけようと躍起になっても、炉のなかにサラマンドラが一匹でも隠れていれば、いっかな火をつけることはできず、サラマンドラを殺して始めて、炉に火がつくようになる、ということが書かれている。これもまた、サラマンドラが火を消すという伝説の無反省な繰り返しであろう。

火とかげの皮から製せられた、不燃性の服地というものを空想する者もいたらしい。ヴァンサン・ド・ボーヴェの『自然の鏡』（第十七巻三章）によれば、「法王アレキサンデルは、サラマンドラの皮から製した一着の法衣をもっていた。それは白っぽい色をしていて、洗濯しようと思う時には、ただ火のなかへ投げこめばよいのだった」と。プリニウスも不燃性の布地について述べているが（第十九巻四章）、ここでは用心ぶかく、それが火とかげの皮から製せられたものだとは言っていない。一説によれば、この燃えない火とかげの皮の衣服は、インドの皇帝が戦場に赴く時に着てゆくものだとも言われた。また、アジアに存在すると信ぜられたプレスター・ジョンの国の貴婦人が、サラマンドラのつくった繭から糸を繰りとって、布地を織り、それで燃えない衣服を作るのだとも考えられた。いずれもエキゾティックな東方への憧れが生んだ空想であって、むろん、現実的な根拠は何もない。

しかし不燃性の衣服というのは、かつて現実に売買されていたらしい。石綿（アスベスト）は紡績して糸を作り、しなやかな織物に織ることができたからである。かくてサラマンドラの実在は、その目に見える証拠を得て、いよいよ信憑性が高くなったのである。

ルネサンス期には、レオナルド・ダ・ヴィンチとベンヴェヌート・チェリーニの両天才が、それぞれ火とかげに関する興味ぶかい考察ないし証言を書き残している。

レオナルドによれば、「火とかげは火中でその肌をきれいにする。それは感覚器官をもたぬ。それで火以外の食べ物には見向きもしない。しばしば火中でその皮を脱ぎ替える」（『手記』より）と。私たちは、この天才的な科学者が、サラマンドラのごとき怪獣の実在を信じていたからといって、今さら驚きはしないだろう。

王冠をかぶったサラマンドラ

一方、チェリーニが名高い『自伝』のなかで語っているエピソードは、ユングもその大著のなかに引用しているように、研究に専念する錬金術師の見たヴィジョンに匹敵するものとして、私にはきわめて好ましい感じがするものだ。その大筋を次に引用してみよう。

「私が五歳のとき、たまたま父は地階の部屋にいて、ヴィオラを弾いていた。その部屋では、みんなが洗濯をしていて、樫の枝がさかんに燃えていた。ふと父が焔のなかを眺めると、そこに蜥蜴《とかげ》に似た小さな動物がいて、烈火のなかで戯れているではないか。父はすぐそれに気づいたから、妹と私を呼んで、その動物を指さすと、私の耳の上をしたたか打った。

私は大声で泣き出した。すると父は私をすかして、『いい子だね、お前が悪いことをしたから打ったのではないよ。あの火のなかの生き物がサラマンドラだということを、お前に覚えておいてもらいたかったからさ。こんな動物は、めったに見られるものではないのだよ。』そう言って父は私に接吻し、幾らかのお金をくれた。」

さて、私は最後に、人間とサラマンドラとが混同されるという、奇妙な歴史的事実のあったことを指摘して、この論考を終えたいと思う。

反進化論者であり、いわゆる天変地異説の主唱者であった博物学者のキュヴィエは、ノアの大洪水の後に初めて出現したと考えられる人類に、化石のある道理がないという単純明快な理由で、ドイツのエニンゲン石切り場で発掘された化石人骨を、巨大な体軀に生長した、水棲のサラマンドラ（サンショウウオ）の一種の骨であるにちがいないと断定したのだった。私は、ゲーテをも熱狂させたという、この歴史上の名高い進化論争中のエピソードを思い出すたびに、もしかしたらキュヴィエの断定の通り、人間という存在は、天変地異で生き残ったサラマンドラ（火の精）の後裔なのではあるまいか、という考えが、ちらと頭をかすめるのを如何ともしがたいのである。

火鼠とサラマンドラ

『竹取物語』をお読みになった方ならば、かぐや姫に結婚の申しこみをする五人の貴公子にあたえられた難題の一つとして、火鼠の皮衣《かわぎぬ》という、日本には産しない不思議な品物があったことを思い出されるであろう。これは、古い中国の伝説に出てくる火浣《か》布《かんぷ》という珍品から、物語の作者が想を得たものとされている。

『竹取物語』の成立した頃は、あたかも唐、インド、ペルシアの文化が交錯しながら、滔々と日本に流れこんできていた時代だった。正倉院の宝物を眺めれば、このことを私たちはまざまざと知ることができる。正倉院における同様、この短い物語のなかにも、私たちは外来文化の痕跡をいっぱい発見することができるのである。火鼠の皮衣も、明らかにその一つと考えて差支えあるまい。

火鼠の皮衣、すなわち火浣布については、『魏志』『呉録』『捜神記』『神異経』『周書』などといった、中国の古い文献にそれぞれ記載がある。以下に、その物語の大要をお伝えしよう。

崑崙山は、中国のはるか西方にあると考えられた霊山であるが、この山の麓には、弱水という深い河が流れており、また崑崙山を取り囲んで、炎を噴き出す山々がそびえていた。永久に燃える樹が山頂に生えていて、雨が降っても消えるどころか、夜も昼も音を立てて燃えつづけていたのである。

この猛火のなかに、牛よりも大きな一種の鼠が棲んでいた。身体の重さが千斤、二尺あまりの長毛が生え揃っていて、その毛は蚕の糸のように細い。この鼠は、火のなかでは全身真っ赤であるが、火の外に出ると真っ白になってしまう。火から出たところをねらって、すばやく水をぶっかけると、たちまち死んでしまう。

こうして捕えた鼠の毛を切り取り、織って布とし、その布で着物をつくると、永久に洗濯をする必要がなかったという。というのは、その着物が汚れたら火のなかへ投じて、ちょっと焼けば、すぐさま新品同様、ふたたび真っ白になるからだった。これがいわゆる火浣布である。浣とは、「洗う」という意味である。つまり、水で洗うのではなくて、火で洗うというわけだ。

漢の時代には、この火浣布が西域から献じられたこともあったが、その後、長くそれが絶えていたので、魏の初めごろになると、果してそれが実在するのかどうかを疑うひとも現われた。魏の文帝は、そもそも火の性質は酷烈なものであるから、生命の気を残す余地などは無いはずだと考えて、その著『典論』のなかに、それがあり得ないことを論証した。さらに明帝が即位すると、帝は高官に対して、「先帝が著わした『典論』は不朽の格言であるから、これを碑に刻んで、永く世に示さねばならぬ」と命令した。

ところが、それからしばらくすると、西域の使者がやってきて、火浣布でつくった袈裟を帝に献上したので、石碑に刻まれた『典論』のその部分は、削り取られることになり、天下の物笑いになったという。

こうした伝説を考え合わせると、どうやら火浣布という珍品は、一般に中国内地で産するものではなく、遠い西域地方、すなわちペルシアやコーカサス地方でのみ産するものと信じられていたようである。中国人にとっても、それは実在するのかどうかきわめて疑わしい、エキゾティックな、めったに見られぬ宝だったらしいのである。

しかし不燃性の衣服というのは、決して単なる空想の産物ではなく、かつて現実に存在したこともあったようだ。石綿（アスベスト）は紡績して糸をつくり、しなやかな織物に織ることができたからである。おそらく、西域渡来の天然に産する石綿が、燃えない繊維として注目され、神仙思想や錬丹術と結びついて、広く知られるようになったのではないだろうか。

ジョセフ・ニーダムの『中国の科学と文明』によれば、「石綿布は中国人にとって決して目新しいものではなかった。それは『火で洗うことができる布』として知られ、早くも周時代にインドないし中央アジアから入手していたのである。これが多くのサラマンドラ伝説の起源をなした点は疑いないが、梁時代までには、すでにその原料が知られていたのであって、それは石の毛織物（石絨）と呼ばれていた」と。

ここで、私たちは西洋と東洋の伝説が、中央アジアを媒介として、がっちりと手を結ぶのを見るのである。東洋では火鼠として空想された不燃性の動物が、西洋ではサラマンドラ、すなわち火トカゲとして空想された。そして、これに付随するところの、まったく同じような物語が、ヨーロッパにおいても等しく形成されていたのである。

たとえば、十二世紀の中ごろ、中央アジアに存在すると信じられたキリスト教国の王プレスター・ジョンが、東ローマ皇帝に送ったものと称する偽書簡がヨーロッパ中に流布したが、この書簡のなかに、次のような記述が見られるのだ。すなわち、「わが王国では、サラマンドラと呼ばれる虫を産出する。サラマンドラは火中に棲み、繭をつくるので、王宮の女官がこれを紡いで、布や衣服を織るのに利用する。この布を洗って綺麗にするには、火中に投ずればよい」と。

ここでは、サラマンドラが繭をつくる虫と見なされているけれども、これは普通には、古代のヨーロッパ人によって火中に棲むと信じられた、一種のトカゲ、あるいはイモリの名称である。錬金術や隠秘学とも関係の深い、この火の元素の精霊としてのサラマンドラについては、別の機会にくわしく述べるしかないが、いずれにしても、それが中国の火浣布の鼠とまったく同じようなエピソードを構成し、しかも、この産地が中央アジアだという点は暗示的ではないだろうか。

おもしろいのはマルコ・ポーロの『旅行記』で、彼はその第四十五章「チンギンタラス地方」という項で、サラマンドラは動物ではなく、鉱物にほかならないと断言している。チンギンタラス地方というのは、かつてのタングート地方の一部、現在では新疆ウイグル自治区、ロブ・ノール湖の北東と思えばよかろう。マルコ・ポーロはその地方で、トルコ人の採鉱者とともに鉱山に赴き、鉱脈から鉱石を掘り出す現場を親しく目にしたのであった。鉱石は乾燥させて、真鍮の臼のなかで砕き、水で洗って泥を流し、残った羊の毛のような糸をより合わせて、ナプキンを織る。出来あがったナプキンは白くないが、火のなかに入れてしばらく置くと、雪のように真っ白になる。……

さて、日本で火浣布といえば、私たちはまず第一に、平賀源内の名前を思い出さないわけにはいかないだろう。

源内は明和元年（一七六四年）、埼玉県に滞在して植物採集をしているとき、秩父郡中津川村の両神山にのぼって、石綿を発見したのである。彼はこれで布を織ることを思いつき、やがて火浣布を完成した。『火浣布略説』という、一種の宣伝パンフレットまで刊行して、大いに自分の発明を自慢することも忘れなかった。

源内の言うことを信ずるならば、彼はこの火浣布を、たまたま江戸にきていたオランダ人の甲比丹《カピタン》一行に見せて、彼らをあっとばかり驚かせたのだった。オランダ人たちの言うことには、「この品、紅毛天竺をはじめ世界の国々にても織法を知らず。トルコラントという国に、昔、一人ありて織り出せしが、かの国乱世つづきて織伝を失えり。故に、この物たえて稀なり」と。

例によって、源内の言うことはいささかオーヴァーであるが、それでも彼の独創の才だけは十分に認めるべきだろう。もっとも、源内のつくった火浣布は、布といっても折りたたみができず、大きさも十センチ内外で、香を焚くとき、香炉の火の上に敷く香敷の役ぐらいにしか立たないものだったという。これでは実用的価値もなく、大して売れもしなかったにちがいない。

こんな小っぽけな布では、かぐや姫の家に持って行ったとしても、てんで相手にもされず、やはり求婚者としては失格するよりほかなかったのではあるまいか。

グノーム

グノームとは、土の精である。一般に醜い顔をした、小人の老人の姿で表わされる。地中の宝物を守っているとも言われ、鉱山業者たちの守護神ともなっている。また非常に知恵があって、働き者で、金属精錬の技術に長じているとも考えられた。グリムの童話、とくに「白雪姫」に出てくる小人などは、このグノームの童話的に変形した姿だと思って差支えなかろう。

もともとゲルマンやケルトの世界では、自然のなかに、何らかの精霊が棲んでいないような場所はないと考えられていた。水のなかにも森のなかにも、あるいは山や土のなかにも精霊は棲んでいて、こうした自然の生命と結びつけられていたすべてのデーモンが、精霊とか妖精とかいう名で呼ばれていたのである。その点では、ゲルマンやケルトの神話のほうが、ギリシア神話よりもはるかに自然と親しく結びついている。しかしグノームという名前は比較的新しく、本来はギリシア語であるにもかかわらず、古代人には知られていなかった。それも道理で、グノームという名前の名づけ親は、何と十六世紀の錬金術師パラケルススだったのである。

ギリシア語で「グノーメー」は知恵の意であり、また格言とか金言とかいった意味でもある。ローマ時代に、アレクサンドレイアを中心として流行した宗教思想にグノーシス主義というのがあるが、この「グノーシス」という言葉も同じ語源から出ていて、知識といったほどの意味である。また「グノーモン」は、日時計の針の意味である。パラケルススは、これらの言葉を勘案して、地中の精霊をグノームと呼ぶことに決めたのであろう。

パラケルススの『妖精の書』には、「妖精たちの棲み家には四種ある。つまり四元素にしたがって、一つは水に、一つは風に、一つは土に、一つは火に棲む。水に棲むのはニムフ、風に棲むのはジルフェ、土に棲むのはピグミー、火に棲むのはサラマンドラである」とある。さらに水精ニムフはウンディーネとも呼ばれ、風精ジルフェはシルヴェストルとも呼ばれること、地精ピグミーは別名グノーム、火精サラマンドラは別名ヴルカンであることが述べられている。
読者はゲーテの『ファウスト』第一部に、

サラマンドラは燃えよ
ウンディーネはうねれ
ジルフェは消えよ
コボルトはいそしめ

という四大の呪文が出てくるのをご存じであろう。ゲーテは若いころ、パラケルススとかアグリッパ・フォン・ネッテスハイムとかいった、十六世紀ドイツの錬金術的自然哲学者の本をたくさん読んでいたから、自分の小説のなかに、彼らの考え方を存分に採り入れることができたのだった。ちなみに、コボルトというのも、ドイツに古くから伝わる、地精グノームの別名だと考えてよいだろう。

パラケルススの説くところによると、これらの四大の精霊たちは、人間に似ているが、アダムから生まれたものではなく、動物と同じように魂をもっていない。しかし人間と結婚すれば、彼らも魂を身に宿し、神の手で救済されるようになる。だから四大の精霊、とくに人間の近くにいる、水の女精であるウンディーネは、人間の男をしきりに慕い、熱烈に人間の男を求め、これと結婚しようとするのだという。

一般に、男性の精霊はグノームのように小人で、ひどく醜い容貌をしているが、女性の精霊（グノームの場合はグノミード、ジルフェの場合はジルフィードという）は、地上の女よりもはるかに美しく、しかも年をとって容姿が衰えるということがなかったという。だから、彼女たちに慕われる地上の男が、フーケの『ウンディーネ』の主人公のように、つい誘惑に負けてしまうのも止むを得ないことだったようだ。

パラケルススの肖像

女性の精霊は、このように男を恋する情熱がはげしいだけに、その嫉妬の情も猛烈だったらしい。たとえば、パラケルススの『妖精の書』に、次のような奇怪なエピソードが紹介されている。

それはシュタウフェンベルクの町中のひとが親しく目撃した出来事だった。ある哲学者が、美しいニムフと久しく関係を結んでいたのに、これを裏切って、ひそかに人間の女を愛したのだった。ある日のこと、この哲学者が、新しい情婦や数人の友達と食事をしていると、屋根裏から宴席の上に、にょっきり女の太腿があらわれた。つまり、目に見えないニムフの女が、自分を袖にして人間の女を愛するのがいかに不当であるかを、これによって判断せよと迫ったわけなのであろう。この出来事の後、哲学者はぽっくり死んでしまったともいう。言うまでもなく、ニムフの怒りのためである。

こんなふうに、裏切られれば恐ろしい復讐もするが、概して精霊たちは人間に何ら害悪を加えない。論者によって説の分れるところであろうが、どうやらパラケルススは、彼らが悪魔の手先として、人間に対して悪をはたらくという意見には反対のようである。この点に関しては、十七世紀フランスのモンフォコン・ド・ヴィラールの書いたとされる謎の書『ガバリス伯爵』においても、事情はほぼ同じであって、四大の精霊は、人間と情交はするけれども、インクブス（男性夢魔）やスクブス（淫夢女精）のような悪魔の眷族とは完全に一線を劃しているらしいのだ。

いや、それどころか、『ガバリス伯爵』においては、人間は四大の精霊と結びつくことによって賢者となり、美しい子供を生むことができるようになる、とさえ書かれている。精霊もまた、人間と結婚することによって、不死の性質を獲得するのである。歴史上の賢者のなかで、人間と精霊とのあいだに生まれた子供はたくさんおり、たとえばペルシアの賢人ゾロアストルは、オロマジスという雄のサラマンドラと、ノアの妻ヴェスタとのあいだに生まれた子供だったという。——ずいぶん奇妙な意見だが、自然の精霊を美しく純粋なものとして眺めたいという、作者の願望がここに露骨に現われているような気がして、私には興味ぶかい。

広く知られたマーガレット・マリー女史の学説では、小人として表わされた自然の精霊たちは、ファウヌスやサテュロスのような半獣神と同じく、被征服民族の伝説的に変形された姿にほかならないという。小人の妖精は、何よりもまず、西暦紀元前の最後の二千年間、鉄器時代の文化を守りつつ、ケルト人の到来以前のヨーロッパに住んでいた、背の低く膚の浅黒い遊牧民族の、民族的な記憶だったのである。彼らは新しい民族に征服され、平野から追放されて、沼地や森や山のなかに隠れたのだった。まあ、日本の鬼や天狗と同じ運命に遭ったのだと思えば間違いあるまい。

とくにグノームについて述べれば、彼らはおそらく、金属採掘や冶金の術に長じた民族だったのだろうと想像される。ノヴァーリスやティークの小説によっても知られるように、鉱山や地質の学問はドイツ・ロマン派と切っても切れない関係にあったから、グノームのイメージもまた、彼らのメルヘンのなかに、しばしば現われる。

とはいえ、グノームのイメージが最も生き生きと光り輝くのは、ドイツ中世の叙事詩「ニーベルンゲンの歌」においてであり、なかんずく、これを復活せしめたワグナーの歌劇においてであろう。地下に埋蔵されているニーベルンゲンの宝物を守護しているのが、小人の王アルベリッヒである。彼はラインの河底で、三人の水の女精たちの隙をうかがい、首尾よく黄金をかっさらって、地中の王国へ持ち帰る。この黄金で作られた指環が、それに籠められた呪いのために、次々と悲劇を生むのである。これによっても分る通り、地中の住人である小人族は、いずれも巧みな金銀細工師なのであり、この上もない鍛冶師なのであった。

　私はかつてフリッツ・ラング監督の映画で、小人の王がジークフリートに斃され、石と化する戦慄的な場面を見たことが忘れられない。あれは戦前のドイツ映画の傑作だったと思う。

一角獣について

　実在たると空想たるとを問わず、あらゆる中世のシンボリックな動物のなかで、一角獣ほど、人気のあった動物は少ないのではないかと思われる。宗教家も芸術家も、医者も錬金術師も、貴族も武士も、いずれも好んで一角獣のシンボルを用いた。貴族の楯形紋章にも、戦場の軍旗にも、寺院の石造彫刻にも、写本の挿絵にも、一角獣のデザインは頻々と現われる。のみならず、中世のひとびとは一角獣の実在を信じてもいた。むろん、このように中世において大流行を見る前に、すでに一角獣の実在が、遠い古代においても信じられていたことは申すまでもあるまい。

　ヨーロッパの歴史では、一角獣について最初に語った人間は、紀元前四世紀後半、ペルシア軍に捕えられ、ペルシア王アルタクセルクセスの侍医となって、東方の世界を見てきたギリシア人のクテシアスだということになっている。その『インディカ』の第二十五章に、次のような記述がある。

「インドには、馬くらいの大きさの野生の驢馬がいる。身体は白く、頭は赤く、眼は深い青色だ。額の上に一本の角があり、その長さは五十センチにおよぶ。この角の基底部は純白で、中央部は黒く、鋭く尖った先端は鮮紅色を呈している。」

こうしてみると、ずいぶん派手な極彩色の獣のようであり、捕獲して動物園にでも入れておけば、さぞや見物であろうと想像される。

クテシアスにつづいて、一角獣について語った古代の著述家のなかには、たとえばギリシアのオッピアノス（二世紀後半）があり、彼はその『キュネゲティカ』のなかで、一角獣には角が三本あると言っている。ウニコルニス（一角獣）に三本も角があっては、論理的に矛盾しているわけだが、そんなことは彼にはどうでもよかったらしい。

二世紀のフィロストラトスは『テュアナのアポロニオス伝』で、クテシアスの説を受け継いで、パーシス河（コルキス地方すなわち現在のグルジアから黒海に注ぐ河）の近くの沼に棲む一角獣は野生の驢馬に似ている、と言っている。そうかと思うと、ス

一角獣、錬金術の寓意画

トラボンは馬に似ていると言っており、さらにプリニウスのごときは『博物誌』第八巻三十一章で、「インドで最も野生の獣はモノケロスあるいはウニコルニス（いずれも一角獣の意）である。それは馬の身体、鹿の頭、象の足、猪の尾をしており、啼き声は低く、額の中央ににょっきり生えた一本の黒い角は、長さがほぼ一メートルもある。この獣を生け捕りにするのは不可能だと言われている。」

などと述べているので、必ずしも驢馬に近いとのみは断定するわけにはいかない。鹿のようであったり、山羊のようであったり、あるいは牛のようであったりする。著者によっては、蹄が牛のように割れているという意見もあれば、馬のように単蹄だという意見もあり、その形態はまるで一定しないのである。

その棲む場所も、一般にはインドという意見が多いが、六世紀のアレクサンドレイア修道僧コスマスの名高い『キリスト教地誌』によれば、エティオピアだということになっているし、マルコ・ポーロの『東方見聞録』では、バスマン王国（スマトラ島北海岸）とされている。もっとも、「象に似ているがずっと小さく、水牛のように毛が生えている一角獣」というマルコ・ポーロの記述を読むと、これはむしろアジア産の犀ではなかろうか、という気がしてくる。実際、スマトラ島には比較的毛の多い、二本角の小型の犀が現在でも棲んでいるのだ。

『元史』の「耶律楚材伝」中には、次のようなエピソードがある。成吉思汗《ジンギスカン》の軍隊がヒンドスタン地方へ攻めこんだとき、チベットの山中で一匹の一角獣に出会った。形は鹿のようで、馬の尾があり、全身に緑色の毛が生え、人間の言葉をしゃべる。一角獣は彼らに話しかけて、「お前たちの主人は早く国へ帰ったほうがよいぞ」と言った。従軍していた大臣の耶律楚材がこれを見て、「これは瑞獣で、その名を角端《かくたん》というものだ」と説明した。軍隊は角端の警告を容れて、無用な流血を避けるべくヒンドスタン侵攻を思いとどまり、そのまま回れ右をしたという。――角端は麒麟の一種と言われているが、この麒麟すなわち中国の一角獣については、のちに述べよう。

一角獣の性質について述べれば、多くの著者が一致して認めているところのものは、まず第一に、その足の速さである。一角獣が駈け出したら、どんな動物も追いつくことができない。第二には、その気性の荒々しさ、人間に対する馴れにくさである。聖グレゴリウスの意見によると、一角獣は誇り高いので、捕えられてもなかなか人間に馴染まず、食べものをあたえても食べないで、ついには悲しみのあまり死んでしまうという。一角獣の肉についてはどうかというと、これも著者の意見はまちまちである。クテシアスの説では、非常に苦味があるという。一方、十三世紀のアラビアの旅行家アブー・サイードが試食してみたところでは、大そう美味であったという。

プリニウス以来、犀は象の生まれながらの敵ということになっているが、一角獣の敵も、どうやら象とドラゴンであるらしい。しかし小鳥とのあいだには、友好関係が成立しているようだ。十三世紀のアラビアの博物学者アル・カズウィーニーの語るところでは、一角獣は鳩（一説では雉鳩）と仲がよく、鳩が巣をつくる樹の下に好んで休みにくるという。鳩の鳴き声を聞くのが好きなのだ。鳩が角の上にとまりにきても、一角獣はじっとしていて、決して追いはらったりしないのである。

一角獣の実在が疑われ出したのは、たぶん十六世紀後半からであろう。古代から中世にかけて、あれほど多くの詩人や学者や旅行家の頭の中から生み出された、純粋に想像力の産物と言うしかない一角獣に関するすべての奇事異聞を、一つ一つ冷静に検討しながら、それらが根拠のない風聞にすぎないことを証明したのは、フランス王家お抱えの外科医だったアンブロワズ・パレである。パレの『ミイラ、毒、一角獣およびペストに関する説』が出たのは一五八二年、このなかで、彼は一角獣の角に解毒剤としての効果があるという説を科学的に否定していたのだった。

もちろん、パレ以外にも、十六世紀には懐疑論者が少なからずいた。たとえばイタリアのジロラモ・カルダーノなども、初期の懐疑論者の一人であろう。百年後には、スイス生まれのイエズス会士アタナシウス・キルヒャーが大著『地下世界』（一六六四年）のなかで、ヨーロッパ諸王家の私設博物館に展示してあるすべての一角獣の角が、じつは或る種の海獣の歯にすぎないのではないか、ということを暗示するのである。この点については、しかし、のちにややくわしく述べることにしよう。

一角獣の実在について懐疑的になるとともに、ひとびとが考えたのは、このような空想上の動物のイメージが成立する上に、現実のいかなる動物が最も大きく影響を及ぼしたのであろうか、ということだった。まず考えられたのは犀である。犀の角は額の中央ではなく、鼻の先端にあることはあるが、とにかく一本の角を有する動物であるという点は一致する。しかも伝説によれば、犀は一角獣のように象の敵であって、象と闘うために、その角を石で研ぐのである。また前に述べたような、一角獣と鳩との友好関係は、犀や河馬の背中の上に乗って、その厚い皮膚にたかっている小さな虫を突ついて食う小鳥のエピソードを思い出させるではないか。十八世紀末の動物学者キュヴィエはプリニウスの『博物誌』の注解で、この事実を抜かりなく指摘している。

キュヴィエよりも以前に『神聖動物誌《ヒエロゾイコン》』（一六六三年）を書いて、聖書のなかの空想動物の考証を行ったフランスのサミュエル・ボシャールは、一角獣とはアフリカ産の羚羊の一種、学名オリックス・カペンシスのことではないかと言っている。彼の主張によれば、ヘブライ語でレーエムと呼ばれる聖書のなかの動物が、七十人訳ギリシア語聖書のなかで、誤ってモノケロス（一角獣）と翻訳されてしまったのである。実際には、この動物は一本角ではなく、普通の羚羊のように二本角でしかなかった。レーエム（すなわちボシャールの意見によればオリックス）は非常に荒々しい野生の動物で、一角獣に帰せられている同じような性質も、そこから由来したのであろうという。

　そのほか、一角獣とは水牛の変種であろうとか、原始的な牛、つまりオーロックスの一種であろうとか、あるいは北ヨーロッパに棲息する大鹿であろうとかいった説もあり、十七世紀ごろ、ドイツのハルツ山中で、完全な一角獣の骨格なるものが発掘されたことさえあったが、当時の怪物趣味を満足させただけで終った。発掘されたマンモスの牙を、一角獣の角だと信じた学者もいたようである。

*

一角獣に関する奇妙な伝説のうちで、もう一つ、どうしても忘れるわけにいかないのは、前にもちょっと述べたような、その角の魔術的な効能である。

すでに古く、クテシアスが述べているところでは、インド人には一角獣の角で酒杯をつくる習慣があるという。その酒杯に毒を注げば、たちまち割れてしまうのだ。だから毒の存在を発見するために、この上もない有効性を発揮する。ちなみに、犀の角にも古くから似たような信仰があり、これに毒を注ぐと、毒の効力はただちに失せてしまうと信じられていたらしい。クテシアスはさらに、この一角獣の角の酒杯を使っていれば、癲癇にも引きつけの発作にも決して見舞われることがない、と断言している。

こうした信仰が、中世はおろか十六世紀、十七世紀にいたるまで連綿と続いたのだから、まことに驚くべきであろう。フランス王シャルル九世やベリー公などは、毒殺の危険を避けるために、いつも酒杯のなかに一角獣の角（と称せられるもの）の小片を浸しておいたらしい。ボシャールの報告によれば、オリエントの君主たちは一角獣の角でナイフの柄を作らせていたという。これを毒のそばに置くと、しっとりと湿り気をおびてくると信ぜられていたからである。

カルル大帝のころ、回教王ハルン・アル・ラシッドから贈られたと伝えられる一角獣の角は、フランス王家の宝物として、永いことパリの近くのサン・ドニ修道院に保管されていた。これは現在、パリのクリュニー美術館の所蔵品となっているが、その長さ約二メートル二十センチ、見たところ、溝のある螺旋形をした細長い復活祭の蠟燭のようである。しかし、ハプスブルク家の宝物としてウィーンの帝室図書館に納められた一角獣の角は、それよりもっと長くて、二メートル四十三センチもあったという。ヨーロッパの王侯貴族は、いずれも莫大な金額を支払って、この一角獣の角を争って手に入れようとしたのであり、そのために領地を売ったり、抵当に入れたりした者もあったという。

英国のエリザベス女王は、時価約一万ポンドと評価された一角獣の角を、ウインザー城の寝室にいつも置いておいた。オーストリアのマクシミリアン皇帝は、剣の握りを一角獣の角で製し、これを「一角獣の剣」と称して愛用していた。ドイツ皇帝カルル五世やブルゴーニュ公の財産目録を眺めると、黄金や宝石をびっしり鏤めた、一角獣の角の水差しだとかコップだとかいったものが、いくつも見つかる。このように彼らはおのがじし、身辺に置いて愛用することもあれば、貴重な宝物として王宮内の博物館や図書室に飾っておくこともあったようだ。

アラビアの伝説によると、一角獣の角は透明で螺旋状をなし、ぴかぴか光っていて、これを縦に割ると、その内部には人間の形や鳥の形、あるいは樹木の形などが、根元から先端にいたるまで、精巧に彫られているのが見えるという。前に述べたサン・ドニ修道院の宝物も、蠟燭のように螺旋形をしていたことを思うと、どうやら一角獣の角の重要な属性の一つに、この螺旋形ということが数えられそうな気がする。いったい、高い金で貴族に売られていた一角獣の角とは、実際のところ、何だったのだろうか。

これについては前にも簡単に触れておいたが、ずるい商人が一角獣の角として売りつけていたのは、じつは北極海に棲むイルカに似た歯鯨亜目の海獣ウニコール、学名モノドン・モノケロスの牙だったのである。ウニコールは日本ではイッカクという。イッカクの牙は、雄の上顎に生えるが、年とともに成長して長く伸び、時には三メートル近くにも達する。象牙質から成り、つねに左巻きにねじれ、まるで旋盤をまわして作ったかのように美しい螺旋状を呈する。内部は中空だから、酒杯にするには便利である。ヨーロッパの王宮や修道院に大事に保存されていた一角獣の角というのは、ことごとく、この北の海で獲れたイッカクの牙だと考えて差支えあるまい。

イッカクの牙が左巻きにねじれて成長するという事実は、動物における珍しい非対称として、永いこと動物学者の頭を悩ませてきた。ダーシー・トムソン卿が『成長と形態』（一九一七年）のなかで、これを合理的に説明しようと苦心したが、あまり成功しているとは言えないようである。

一角獣の角と称せられるものが、じつは海獣の牙にすぎないことを初めて明らかにしたのは、オランダの動物学者ウォルミウス、それにハンブルクの旅行家フリードリヒ・マルテンスであった。何と十七世紀に入ってからのことである。同じころ、アタナシウス・キルヒャーも、書物のなかで同じような疑念を表明していた。しかし一角獣の伝説が完全に下火になるには、さらに一世紀を俟たねばならなかった。ポーランドやロシアでは、十九世紀にいたるまで、イッカクの牙が非常な高値で売買されていたらしい。これらの国々は北極海に近く、容易にイッカクが捕獲されたためでもあろう。イッカクの牙を一手販売していたグリーンランドの漁業組合が、利益をむさぼるために注意ぶかく伝説を温存したということも考えられよう。ピョートル大帝の父アレクセイのような迷信ぶかい蒐集家から、彼らは莫大な金を引き出していたわけだった。

＊

一角獣狩りの伝説は、ヨーロッパのどの地方でも、どの作家の筆によっても、ほとんど変るところがない。すなわち、一角獣は森のなかで無敵の強さを誇っているが、ただ処女にだけは弱い、と信じられていた。この獣を生け捕りにするために、猟師たちは囮《おとり》として、森のなかに処女を連れてゆく。処女の匂いが、この獣を惹きつけ、おびき寄せるのである。

フィリップ・ド・タオンはその『動物誌』（十二世紀）のなかで、ほぼ次のように述べている。すなわち、処女はその肌着のホックをはずして、彼女の乳房の一方を露出させておかねばならぬ。すると一角獣が近づいてきて、その頭を処女の膝の上にのせ、すっかりおとなしくなって、そのまま処女の足もとで、うとうとと睡ってしまう。物かげで窺っていた猟師たちは、難なくこれを捕えることができる、と。

ただし、もしも娘が処女でないとすると、一角獣はたちまちこれを見破って、彼女を食い殺してしまうというから、くれぐれも注意しなければならない。このことは、彼女同じく中世に流行した『アレクサンドロス大王物語』の第九巻にも書かれている通りである。

処女の協力なしに一角獣を捕えようなどとすれば、獣は力いっぱい頑強に抵抗して、まるで手がつけられなくなってしまう。コスマスの『キリスト教地誌』によると、獣は「追われてつかまりそうになると、断崖から頭を先にして身を躍らせる。そして角を地面に突き立てて、墜落の衝撃を緩和する。それゆえ、傷も負わずに身を全うするのだ」と。

蛮族の女の乗った一角獣

一角獣狩りの情景を描いた画家は多いが、そのなかでも、ディドロが「百科全書」のなかに「一角獣の画家」という呼称で収載した、十六世紀フランスの銅版画家ジャン・デュヴェの名前を忘れるべきではあるまい。

ジャン・コロンブの「シャンティーの時禱書《じとうしょ》」の挿絵（一四八五年）では、一角獣に死神が打跨っており、デューラーの「ペルセポネーの略奪」では、プルートンが一角獣の背に裸体の花嫁を乗せて疾駆している。一角獣は、シンボルとしてはきわめて多義的であって、必ずしも純潔と無垢を愛する獣としてばかりでなく、場合によっては悪や暴力を意味することもあり、また死を意味することもあるということを知っておくべきだろう。「バルラームとヨサファット」の伝説では、死は人間を追い求める一角獣として表現されている。

しかし西欧で最も愛好された、一角獣に関する文学や造形美術のテーマは、申すまでもなく「一角獣と貴婦人」のそれであろう。リルケの『マルテの手記』に引用されて、すっかり有名になったクリュニー美術館の壁織物は十六世紀初頭のものだが、このテーマそのものは、すでに十三世紀から多くの物語に現われている。キリスト教は、この「一角獣と貴婦人」の神話のなかに、啓示あるいは告知の生き生きしたイメージを発見したのである。

処女の膝の上に置かれた一角獣の角は、マリアへのお告げの言葉の書いてある巻紙である。一角獣は、処女を受胎させる聖霊の役割を演じている。だから、その角は同時に太陽光線にも同一化されるだろうし、精神分析学の見地から眺めれば、ファリック・シンボルともなるであろう。ユングによれば、大天使ガブリエルによって追われた一角獣は、聖母の胎内に庇護を求めたのであり、これがすなわち聖母の無原罪懐胎なのである。シンボリズムの構造として、これほどすっきりしているものは滅多にあるまい。

『キリストの動物誌』（一九四〇年）を書いたシャルボノー・ラッセによれば、「古代の動物誌作者たちにとって、一角獣と処女と猟師の伝説は、神の子の受肉と贖罪のための犠牲を表現するのに最も適したテーマだった。つまり一角獣は、肉の誕生によって人間の胎内に降りてきたキリストの象徴的なイメージとなり、処女は人間を表わし、猟師は裏切って救い主を殺した、ユダヤの民衆のイメージとなったのである」と。聖グレゴリウスもオータンのホノリウスも、そのほか多くの中世の著作家たちも、ほぼ同じ解釈をしていたようである。

もちろん、キリスト教的解釈にもいろんな角度や見方があって、たとえば初期キリスト教の教父たちの解釈によれば、孤独を好み、森の奥に棲む一角獣は、現世を捨てた禁欲の隠者の象徴になる。一方、聖バシリウスは「神の不屈の性格は一角獣のそれのごとし」などと言っている。これによってもお分かりのように、キリスト教という枠のなかでさえ、一角獣のシンボルは一義的なものでは決してないのである。

現代フランスの批評家ベルトラン・ダストールは、クリュニーやクロイスターズの美しい壁織物について考察をめぐらしながら『一角獣と貴婦人の神話』(一九六三年)という好エッセーを書いた。そのなかで、彼はこのエロティックで神秘主義的なテーマを、むしろ騎士道的恋愛という中世的な概念に近づけて解釈している。彼にとって、一角獣は恋愛の成就を拒否することを決意した、偉大な恋する女たちの典型なのである。一角獣は、所有の恋愛ではなく拒否の恋愛、愛への忠実のために愛を諦める愛、すなわち現代ふうに言えば、恋愛の昇華を象徴しているのだ。

このことに関連して、私が思い出すのはルネサンス期のすぐれた抒情詩人、ダンテの親友であったグイド・カヴァルカンティのエピソードである。彼はみずから一角獣と称していたが、それは自分が一人の婦人に熱烈な愛を捧げたのに、裏切られて不幸になったという意味合いをこめていたのだった。愛は人間に苦悩をあたえるという面を、一角獣の称号によって詩人は強調したかったのであろう。

錬金術においても紋章学においても、なお一角獣の象徴やアレゴリーはふんだんに発見されるが、いたずらに煩瑣になるばかりだと思うから、ここでは、これ以上書くのは差控えよう。

ただ、近代になるとともに、一角獣は宗教のシンボリズムを洗い流して、もっぱらエロティックな人獣交媾のイメージのみを際立たせてきた、ということを指摘しておこう。グスタフ・ルネ・ホッケが『迷宮としての世界』の第五章で述べていることを、やや単純化して書き直せば次のようになる。

「一五二〇年から一六五〇年までの期間に、一角獣はマニエリスムのお気に入りの神話、単なる奇妙な神話ではなく、典型的にエロティックに変形された神話となる。レオナルドの或る習作では、神学的な筋書は完全に消え失せている。この神経質で震えるようなデッサンに、男色の隠喩を見ようとしたひともあるほどだ。ここでは、教父哲学的宗教的なイメージ（聖母と一角獣）が、アレクサンドレイア芸術の最も有りふれた倒錯のテーマの一つ、レダと白鳥のそれと混淆しようとしているのである。エドゥアルト・フックスのような目利きから見ると、しばしば生命力の欠如に悩んでいるように見えるマニエリストたちにとって、原始的な力にあふれた荒々しい一角獣は、一つの幻覚的な補償のイメージだったにちがいない。」

かくてホッケは、ローマのサン・タンジェロ城の壁画に現われる、裸体の女たちに愛撫されている奇妙な一角獣について言及する。この動物の角が何を意味するかは、あまりにも明らかなのだ。それはファリック・シンボル以外の何物でもない。しかもホッケは、ここにマニエリスム芸術に特有な、男性の不能および欲求不満のテーマを見出しているのである。

この曖昧なマニエリスムの一角獣は、すでに十九世紀末や二十世紀の芸術家、ギュスターヴ・モローやダリやスワーンベリの描き出したエロティックな一角獣を予告していると言えよう。この近代的な一角獣の目録には、さらにジャン・コクトーの舞踊劇とガルシア・ロルカの詩をつけ加えてもよい。ビアズレーは未完の小説『ウェヌスとタンホイザーの物語』のなかに、ウェヌスの丘の贅を凝らした檻の中に飼われている、アドルフという名の一角獣を登場させている。アドルフは女主人を熱烈に恋していて、毎朝、彼女の手から葡萄パンの朝食を食べさせてもらうばかりか、女主人の乳房を吸い、それから芝生の上に横たわって、彼女に自分のファロスを愛撫してもらう。世紀末の芸術家の手によって、一角獣はその本来の純潔や兇暴性を完全に失い、もっぱら淫蕩な貴婦人のお相手をつとめる、柔弱なエロティックな獣にされてしまったかのごとくである。

＊

中国の一角獣すなわち麒麟について、ごく簡単に述べておこう。すでに出石誠彦の論考（「支那の古文献に現わるる麒麟について」）に詳述されているように、中国の麒麟はヨーロッパの一角獣を原型としたものではないし、また逆に、一角獣に影響をあたえたものでもないと思われる。それはちょうど、フェニクスと鳳凰の関係に類するだろう。おそらく、こうした東と西における空想動物の並行関係は、ほかにもたくさん見つかるだろう。

　龍、亀、鳳凰とならんで、四種の瑞獣の一つとされる麒麟について、出石誠彦はその起源を鹿の崇拝に発するとしているが、これは妥当な見解であろう。『物語世界動物史』の著者ヘルベルト・ヴェントによれば、麒麟の「生きたモデルは、数世紀にわたって北京の皇帝の庭園に保護されていた四不像《シフゾウ》だったと思われる」という。しかし北京の南苑からイギリスの貴族の庭園へと移された、野生の個体のまったく知られていない、この珍奇な鹿の運命には興味ぶかいものがあるとしても、これを麒麟のような空想動物に結びつけるべき根拠は、実際のところ、何もないように思われる。たとえば前漢末の『易伝』などに語られている麒麟の属性、牛の尾と馬の蹄とか、五色の彩とか、黄色の腹とか、一丈二尺の背丈とかいったことが、ほとんど何一つ、四不像には当てはまらないからだ。生きたモデルを探す苦労は、一角獣の場合と同様、たぶん報われないだろう。

＊

オッピアノスの記述にある三本角の一角獣について、前に書いたけれども、この論理的矛盾は、ヘブライ語からの直訳による聖書の翻訳でも犯されていたらしい。詩篇の第二十二篇に、「われを獅子の口より、また野牛の角より救い出したまえ」とあるが、この野牛すなわちレーエムは、聖ヒエロニムス訳のラテン語聖書ウルガタでは一角獣と訳され、その角は複数だったのである。

この論理的矛盾に、中世の動物誌作者は困惑をおぼえ、これを何とかして解決しようと苦慮したのであろうか、一角獣の変種として、その角が根元から二本に枝分れしているピラスッピという動物を想像した。ピラスッピの名前が最初に出てくるのはアンドレ・テヴェの『宇宙誌』（一五五四年）であるが、これを普及せしめたのはアンブロワズ・パレの『怪物および異象について』（一五七九年）である。

一角獣と貴婦人の物語

「ここにつづれ織がある、アベローネ、有名な壁掛のゴブラン織だ。僕はお前がここにいると想像しよう。ゴブラン織は六枚ある。さあ、これから一緒に、ひとつひとつゆっくり見てゆこう。まず一歩さがって、一度に全体を眺めてごらん。しんと非常にしずかな感じだね。ほとんど変化らしい変化もない。目だたぬ紅色の地には、いっぱいに草花が咲きみだれ、小さな動物が思い思いの恰好で散らばっている。ほのかに楕円形をした藍色の島が、そこから浮かび出ているところは、六枚ともみんなおんなじだ。」

これは、リルケの『マルテの手記』のなかの文章である。孤独なパリ生活を送っていた頃の若きリルケは、クリュニイ美術館にしばしば足を運んで、そこに陳列されている、あの有名な十六世紀初頭のゴブラン織の傑作『一角獣と貴婦人』の図を眺め、恍惚とした詩的な夢想にひたっていたらしい。

詩人の手ごろな解説によって、わたしたちは、六枚のゴブラン織の構図をほぼ正確に知ることができる。もう少し引用してみよう。

「島のなかには、きまったように一人の女が見える。衣裳はそれぞれ違っているが、みんな同じ女にちがいない。ときに、侍女らしい幾らか小柄な女のすがたが、傍らに添えられていたりする。そして必ず島の上には、紋章を支えた動物が大きく織り出されているのだ。左側にはライオン、右側には明るい色調の一角獣。」

ヨーロッパの伝説に古くから登場する一角獣は、森のなかで無敵の強さを誇っているが、ただ処女にだけは弱い、といわれている。というのは、この神話的な生きものは、純潔と無垢とに惹きつけられるからである。猟師たちは、このふしぎな獣を捕えるために、囮《おとり》として、一糸まとわぬ処女を森の奥につれてゆく。ふだんは兇暴な動物も、処女のすがたを認めるや、たちまち魅惑され、惹きつけられて、処女の膝にその頭をのせ、すっかり従順になって、うとうとと睡ってしまう。物かげで窺っていた猟師たちは、難なくこれを捕えることができるという。——パリのクリュニイ美術館のゴブラン織も、むろん、この伝説に基づいたものであろう。

＊

一角獣のテーマは、中世の寓意文学や美術にさかんに出てくるが、その起源はきわめて古く、すでにギリシアのクテシアス（前四世紀）の書物のなかに触れられている。ペルシア軍に捕えられ、東方の世界を見てきた彼は、めずらしそうに次のように書いているのだ。すなわち、「インドには、馬くらいの大きさの野生の驢馬がいる。体は白く、頭は赤く、眼は深い青色だ。額の上に一本の角があり、その長さは一尺六寸におよぶ。この角の基底部は純白で、中央部は黒く、鋭く尖った先端は鮮紅色を呈している」と。

こうしてみると、ずいぶん美しい極彩色の獣のようである。

クテシアスのあと、一角獣について語った古代の詩人や学者には、たとえばロオマのプリニウス、アイリアノスなどが数えられるが、それらの意見には、個々の点で微妙な違いがあり、馬のようであったり、鹿のようであったり、山羊のようであったり、牛のようであったりする。蹄が牛のように割れているという意見もあれば、馬のように単蹄だという説もある。ただ、一本の角がにょっきり額に生えているという点だけは、いずれの学者の意見も変らない。

アラビアの伝説によれば、一角獣の角は透明で螺旋状をなし、ぴかぴかに光っていて、これを縦に割ると、そこにふしぎな動物や植物の形が透けて見えるそうである。支那の古い伝説にあらわれる麒麟もまた、全身から五色の光を放つといわれる美しい想像上の獣で、ヨーロッパの一角獣の一変種と見てよいかもしれない。というよりむしろ、一角獣の伝説は東方に起源を有する、と見た方がよさそうだ。

中世からルネサンスにかけて、東洋やアフリカを往来したヨーロッパの旅行家たちも、一角獣についていろいろな記述を残している。彼らの意見によると、一角獣は「プレスター・ジョンの国」に棲んでいるという。プレスター・ジョンとは、中世のキリスト教伝説で、アジアあるいはアフリカにおける架空のキリスト教国の君主と信じられていた人物である。

「インド航海者」と呼ばれた六世紀のアレクサンドレイア修道僧、コスマスの書いた有名な『キリスト教地誌学』には、インドの博物誌について述べた一章があって、次のような記述が見つかる。すなわち、「この獰猛な獣を捕えることは不可能であり、この獣の力はすべて、その角のなかに在ると言われている。追われてつかまりそうになると、獣は断崖から身を躍らせる。そして落ちながら見事に回転して、すべてのシヨックを角で受けとめる。それ故、傷も負わずに身を全うするのである」と。
ロオマ法王の聖グレゴリウスが語っているところでは、この獣は、捕えられてもなかなか人間に馴染まず、食物を与えても食べないで、ついには悲しみのあまり死んでしまう。つまり、それほど純潔を好む高貴な獣なのだ。

ギュスターヴ・モロオ「一角獣の貴婦人」

一角獣に関する奇妙な伝説のうちで、もうひとつ、忘れてならないものは、その角の魔術的な効能であろう。これは解毒用として、ヨーロッパの宮廷で大いに珍重された。実際に用いられたのは、北極海に棲むイルカに似た鯨目《もく》の海獣ウニコールの牙である。この海獣の牙は、漢方でも解毒剤として用いられるが、西洋では、毒のそばに置くと湿り気をおびてくると信ぜられていた。この牙の一部を手に入れるために、領地を売ったり抵当に入れたりした貴族も少なくなかったといわれる。

カルル大帝のころ、回教王ハルン・アル・ラシッドから贈られたと伝えられる一角獣の角は、フランス王家の宝物として、永いことパリの近くの聖ドニ修道院に保管されていた。この角の長さは、記録によると約二メートルである。しかし、ハプスブルグ家の宝物としてウィーンの帝室図書館に納められた一角獣の角は、それよりもっと長くて、二メートル四十三センチであった。数あるヨーロッパの王族や貴族のうちで、この獣の角で製した酒杯を秘蔵していない家は、おそらく、ひとつもなかったろうと思われる。

この角の解毒的な効果について、最初に疑問を提出したひとは、たぶん、あの有名なフランス王家お抱えの外科医アンブロワズ・パレではなかったかと思われる。『一角獣論』（一五八二年）という本のなかで、彼は実験の結果を報告し、古来の伝説を科学的に否定している。

西ヨーロッパでは、こうしてルネサンス以来、解毒剤としての迷信はだんだん下火になって行ったが、ポーランドやロシアでは、十九世紀にいたるまで、この獣の角は非常な高値で売買されていたらしい。これらの国々は北極海に近く、容易にウニコールが捕獲されたためであろう。しかし、海に棲むウニコールと陸に棲む一角獣とが、ぜんぜん別物であることは申すまでもあるまい。

一角獣の伝説や迷信は消えて行ったが、純潔と無垢を愛するこの架空の獣の神秘な魅力は、なお現代人の精神につよく訴えかける要素を失っていないようである。わたしたちは、ジャン・コクトオのロマンティックな舞踊劇『貴婦人と一角獣』を知っているし、また『わが運命の一角獣にまたがった子供のガラ』と題された。サルバドール・ダリの愛すべきデッサンをも知っている。これにトマス・ブカナン、シオドア・スタージョンの小説、ガルシア・ロルカの詩をつけ加えれば、この二十世紀の一角獣の目録はさらに完璧に近くなるだろう。(ディクスン・カーの推理小説もつけ加えるべきか。)

一角獣について語るべきことは、まだまだたくさんある。

レオナルド・ダ・ヴィンチの『手帳』には、次のように書かれている。「一角獣は淫奔なため、自己を制することができない。だから美しい乙女を見ると、自分の兇暴さもすっかり忘れてしまい、恐ろしさも捨ててしまって、乙女の腰かけているところにやってきて、その膝を枕に眠ってしまう。そこを猟師たちが捕えるのだ」と。

前にも述べたように、処女の魅力にふらふらと迷い、処女に裏切られ、猟師たちの奸計に落ちるという一角獣の伝説は、さまざまなアレゴリカルな解釈を生むのである。たとえば、ルネサンス期のすぐれた抒情詩人で、ダンテの親友であったグィド・カヴァルカンティは、みずからを「一角獣」と称しているが、これは自分がひとりの婦人の色香に迷い、そのために一生を台なしにしてしまった、という意味合いをこめて使っているわけである。

これとはやや角度を異にして、宗教的な解釈も昔から行われてきたようである。聖アンブロシウスは、一角獣をキリストになぞらえているし、また聖バシリウスは、「神の不屈の性格は一角獣のそれのごとし」といっている。

最も妥当なキリスト教的解釈は、処女を聖母マリアに、一角獣をキリストになぞらえる解釈であろう。この場合、処女の膝の上の獣を屠る猟師たちは、神の子を十字架にかける野蛮な民衆に比較されよう。

聖グレゴリウスの解釈では、一角獣の捕獲は、聖母の処女受胎をあらわす。この場合、猟師たちは聖霊であって、神の子である一角獣は、聖霊の働きによって人間の肉体に宿り、人間の苦悩を引き受けるのである。

一方、初期キリスト教の教父たちの解釈によれば、孤独を好み、森の奥に棲む一角獣は、現世を捨てた禁欲の隠者の象徴である。

ブールジュ本寺のステンド・グラスや、カーンの聖ペテロ教会の柱の上や、多くの中世の象牙細工や細密画《ミニアチュール》に、この一角獣と聖処女の図像学的表現を見ることができる。

しかし、宗教的な解釈を離れて、エロティックな人獣交婚のイメージをさらに敷衍しようとする学者の説もある。たとえば、『マニエリスム』の著者ルネ・ホッケの意見がそれだ。この場合、一角獣の角は、端的にファリック・シンボル（男根の象徴）となる。すでに処女受胎のキリスト教的解釈のうちに、この汎性欲論的な象徴は萌芽として含まれていたというべきだろう。

ロオマにある旧ハドリアヌス帝の霊廟で、現在、サン・タンジェロ城と呼ばれる円形の建物の壁画には、この昔ながらの一角獣の主題が、ルネサンスの画家たちの手によって、ヘレニズム的に全くデフォルメ（変形）されているのを見ることができる。すなわち、まるで白鳥とたわむれるレダのような、裸体の妖艶な婦人が、一角獣の額の器官を手で愛撫しているのである。

このエロティックに変形された一角獣神話は、さらに時代をはるかに超えて、世紀末の画家たちを悩ませることになった。とくに神経症的気質の画家であるギュスターヴ・モロオが、一角獣と貴婦人の伝統的なモチーフを何度も描いている。ここでは、貴婦人はサロメやガラテアとほとんど等しい魔性の女である。

同じく世紀末の頽唐趣味の繊細な画家であるビアズレエが、その未完の小説『丘の麓で』のなかに、ウェヌスベルクの貴婦人に飼われている、アドルフという名の一角獣を登場させている。この一角獣は女主人を熱烈に恋していて、毎朝、彼女の手から葡萄パンの朝食を食べさせてもらい、女主人の乳房を吸い、それから芝生の上に横になって、彼女に自分の男性器官を愛撫してもらう。

世紀末の芸術家の手によって、一角獣はその本来の純潔、兇暴性を完全に失い、もっぱら淫蕩な貴婦人のお相手をつとめる、柔弱なエロティックな獣にされてしまった。

*

さて、ふたたびクリュニイ美術館のタペストリ（壁織物）に話をもどそう。

この織物は、十六世紀のごく初め、中部フランスのアルシイの領主であるル・ヴィスト家の娘クロオドの結婚式の折りに、新郎であるジャン・ド・シャバンヌの註文によって製作されたものである。最近の研究によると、花嫁のクロオドは、ジョフロワ・ド・バルザックという者の未亡人で、この結婚は二度目のそれであったらしいことが明らかになっている。

織物は十九世紀の末まで、ブーサック（クルウズ県）の城に所蔵されていて、メリメやジョルジュ・サンドがこれを初めて世に知らせたといわれているが、現在はクリュニイ美術館で一般に公開されている。

一角獣の壁織物として有名な、もうひとつの中世の作品は、一九二〇年、ロックフェラー財団がラ・ロシュフコオ家から買い受け、一九三七年、ニューヨークの近代美術館に寄贈したところの、いわゆる「一角獣狩り」のタペストリである。この作品は、四百年の長きにわたって、シャラント県のヴェルトゥイユの城の壁を飾ってきた逸品であるが、現在では前述のごとくアメリカに渡り、クロイスターズ美術館に陳列されている。

おもしろいことに、この織物もまた、結婚式の贈り物であって、花嫁となるべきひとは、やはり未亡人であった。

一四九九年一月、フランス王ルイ十二世となったオルレアン公が、故シャルル八世の妃であったアンヌ・ド・ブルターニュと婚約したとき、これを製作させたのである。

一角獣の貴婦人は、もともと処女であるべきであったが、これら二人の花嫁は、いずれも処女ではなかったのである。彼女らに贈り物を受ける資格があったろうか。

怪物について

十五、十六世紀のあいだ大いに流行した木版絵入りの怪物物語の源流には、中世の動物誌《ベスティエル》があり、さらに古くはストラボンの旅行記とか、プリーニウスの『博物誌』などがある。これらは、厳正な自然や風俗の観察というよりも、むしろ珍奇なものや怪異なものに対する趣好によって書かれているため、往々にして事実から離れ、荒唐無稽に近づく欠点をもってはいるが、それでもなお、文化史や美術史の上から、見逃すことのできない貴重な価値を有する資料である。ちょうど錬金術の探究から近代化学が発達したように、これらの怪物の分類や記述から、近代の動物学は誕生したと見るべきだろう。現実と伝説とは互いに相補って、博物学の進化を促したのである。

13世紀英国の動物誌　人魚とオノケンタウロス

中世の動物誌は、いわば、アナロジーによる象徴の科学である。数多い作品のなかで、面白いものを幾つか拾ってみよう。

まず最も有名なのは、十二世紀の詩人フィリップ・ド・タオンによって書かれた『動物誌』であろう。V・L・ソーニエによると、彼の『動物誌』は、「日常見馴れたもの（蟻、狐）、国外のもの（獅子、象）、あるいは得体の知れぬもの（オノケンタウロス）など、三十六種の動物を記述する。彼は、たとえば象は樹にもたれて眠るので、これを捕えるには、その樹を切り倒せばよい、牝獅子が死んだ仔獅子を生み落すと、牡獅子は三日後にその咆吼によって仔獅子を甦えらせる、などと、それらの動物の奇妙な性質を述べる。さらに、これらすべての事柄に、それぞれ道徳的、象徴的解釈が施される。たとえば仔獅子は、神の御力によって三日後に甦えったイエスを象徴している」のである。オノケンタウロス（onokentauros）とは、むろん想像上の獣で、オノス（onos）は驢馬を意味し、ケンタウロスはギリシア神話に出てくる半人半馬の怪獣である。古代からその実在を信じられていたもので、十五世紀の怪物物語にも、しばしば登場する。このフィリップが種本として用いたのは、紀元二世紀頃アレクサンドレイアに発生した、いわゆる「フィシオログス」と称する、架空の動物や神学的象徴などを記述した書物であるが、この書物は中世のあいだ、驚くべき勢で流布し、各国語に翻訳されて、中世の造形美術にも大きな影響を与えた。その他、前代のソリヌスや、プリーニウスや、セヴィラのイシドルスや、アンブロシウスや、九世紀に出た奇譚集『怪物の書《リベル・モンストロルム》』などの影響も雑然と混在している。

フィレンツェ人ブルネット・ラティーニの『百科宝典』（一二六五年頃）は、哲学、歴史、修辞学、地理学、博物学などを包含する一種の百科全書で、ダンテの『神曲』の構成に暗示を与えたと言われるが、ここにもまた、古代や東洋の知識から雑然と集められた、荒唐無稽な説話の数々がある。伝統的な丁字型の世界地図が挿入され、イ

ギヨオム・ル・クレールの『神聖なる動物誌』

ンドをもって地上の楽園と称しているのであるが、そこには、緑色の人間だとか、頭のない人間だとか、自分の父親を食う人間だとか、犬の頭をした人間などが棲んでいることになっている。しかし彼の動物誌には、怪物はあまり出てこない。

百科全書の流行した十三世紀には、さらにギヨオム・ル・クレールの『神聖なる動物誌』、リシャール・ド・フウルニヴァルの『愛の動物誌』など、注目すべき述作があらわれた。前者には、抹香くさい教化的意図がなお残存しており、たとえば、蛇を脚で踏みつける鹿は、悪魔を踏みつけるキリストになぞらえられ、胸から血を出して雛を養うペリカンは、十字架にかけられた救世主になぞらえられている。一方、後者においては、騎士道時代にふさわしい恋愛の美化が行われている。血を流すペリカンの犠牲は、ここでは、胸の想いを打ち明けて恋人に喜色を取りもどさせる、美しい女の比喩になっている。その他、駝鳥、鯨、一角獣、鰐、海蛇などが出てくるが、空想的な怪物は少ない。十三世紀末には、またフレデリック二世の『鷹狩論』、十四世紀には、フォワ伯ガストン・フェビュスの『狩猟の書』などが出て、いずれも大いに読まれた。前者は九百種以上の鳥類を網羅した、いわば「鳥づくし」であり、後者は「犬づくし」である。

奇想天外な怪物が一度に登場するのは、十三世紀、トマ・ド・カンタンプレの『万象論《デ・ナトゥラ・レルム》』が書かれてから以後のことである。この独創的な怪物の書は、動物誌の歴史に一新紀元を劃した。以下、バルトルシャイティスの『幻想のゴシック』（一九六〇年）をもとにして、ゴシック期以降より十七世紀にいたるまでの、怪物物語の系譜を順次にたどってみよう。

カンタンプレの『万象論』には、写本がいろいろあって、十三世紀末ないし十四世紀初めにアンギアンの一修道士が仏訳したものは、その一部の『人間における怪異の書《リベル・デ・モンストルオシス・ホミニブス》』である。十五世紀プロヴァンスでつくられた写本には、巨人、一眼巨人《キュクロペス》、スキヤポデス、龍、天馬《ペガサス》、海の一角獣、海豹《あざらし》などの恐ろしい挿絵が多数入っている。スキヤポデスとは、リビアに棲むと伝えられた伝説的な一本足の種族で、スキヤ（skia）はギリシア語で影を意味し、ポデス（podes）は足を意味する。プリーニウスによると、彼らの足は非常に大きいので、眠るとき傘のように頭の上にかざして、日除けにするという。その他、ボヘミアの写本、ブリュージュの写本などが知られている。

ドイツ語で書かれた最初の怪物物語であるコンラッド・フォン・メーゲンベルクの『自然の書《ブーフ・デル・ナトゥル》』（一三五〇年頃）も、このトマ・ド・カンタンプレの『万象論』に依拠している。ハイデルベルク図書館に二種類の写本があって、一方には六十の細密画、他方には約三百の細密画が含まれている。この本は、印刷された動物誌としても最初のもので、一四七五年から一四九九年までの間に、アウグスブルクで七種類の版本が刊行された。すでにルネサンスの息吹きが感じられる。いずれの版にも木版画が挿入されていて、幻想的な怪物がびっしり描きこまれている。そのうちの二枚は人間の怪物のみを扱っており、頭の二つある人間、腕の六本ある人間、犬の頭の人間、頭のない人間、水かきのあるスキヤポデス、また、尾の二本ある人魚、翼のある人魚、四本脚の人魚、その他、あらゆる種類の「雑種形成」の怪物が描かれている。奇怪な魚ばかり集めた挿絵、蛇や毒のある獣ばかり集めた挿絵もある。かくて、印刷された最初の動物学の書物は、畸形と伝説の集大成とはなった。

もう一つ、当時の有名な博物学の書物は、一四九一年マインツで刊行された『ホルトゥス・サニタティス』である。刊行者はマイデンバッハという人で、このラテン語の書物は、数年前ストラスブルクで出たドイツ語の植物誌からの翻訳であり、それに動物や鳥や魚に関する記事を付け足したものである。挿入されたおびただしい木版画は、ユトレヒトの人エルハルト・ロイヴィッヒか、もしくは銅版画家として知られるハウスブーフ・マイステルの筆であろうと言われる。そこに登場する動物たちは、いよいよ自然から離れ、幻想の領域に踏みこんだ観がある。古代のテーマが復活し、ますます複雑な「雑種形成」をとげる。翼のある兎、翼のある蛇、脚のある魚、腕のあ

海の犬（上）とイルカ（下）
『ホルトゥス・サニタティス』より

る魚。カメレオン（Khamaileon）はギリシア語で、「地を逼うライオン」という意味だから、画家はこれを文字通りに表現しなければならないと考える。プリーニウスやアリストテレスがつけたラテン語やギリシア語の学名もしくは俗称が、そのまま文字通りに解釈されて表現されるのだから堪らない。サメは「海の犬」であり、アザラシは「海の小牛」であり、軟体動物は「海の兎」であり、甲殻類は「海の鼠」ということになる。これでは怪物がぞくぞく誕生するのも当然だ。古代の伝説によると、イルカは背中に眼があり、腹に口があり、その声は人間の泣き声に似ているという。これ

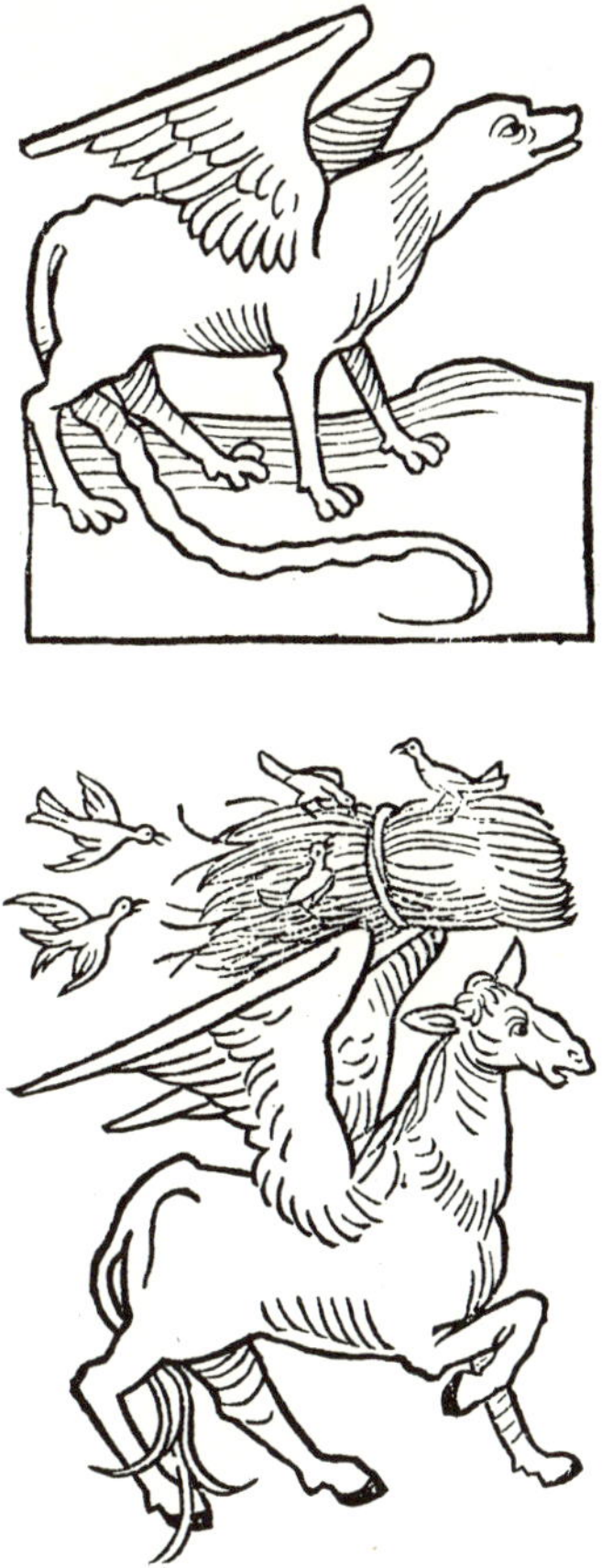

カメレオン（上）と駝鳥（下）
『ホルトゥス・サニタティス』より

もまた、画家の手によって一つ一つ忠実に再現された。

十五世紀以後、どの動物誌にも必らず登場してくる奇妙な怪物に、「海坊主」というのがある。つまり、頭のてっぺんを丸く剃ったキリスト教の僧侶の化け物である。宗教闘争の影響が、巷間の絵入り本やパンフレットにもあらわれ出した証拠であろう。北方ルネサンスは、あらゆる面において宗教闘争と堅く結びついていることを記憶しておく必要がある。メランヒトンやルーテルのような改革運動の指導者が、みずから法王や僧侶を諷刺した怪物を創造しているのである。

メランヒトンの「法王驢馬《パプストエーゼル》」は、このようにして生まれた怪物の一例だ。驢馬とは言いながら、それらしきものは頭だけである。この驢馬の頭は、愚かなロオマ・カトリック教会の首長をあらわしている。象のように厚ぼったい片腕は、現世の権力を意味している。片方が牛で、もう片方が鷲獅子《グリーフス》の足は、精神と物質への服従を意味している。そして、このようにちぐはぐな手脚を統合する女の胸と腹は、教皇政治の組織そのもの、貪欲と淫蕩を一身に体した枢機卿や司教などによって構成された、教会の組織そのものを指している。さらに、臀部に付属している老人の顔は、教皇政治の終焉を予告しており、龍の形をした尾は、法王の勅書と免罪符を意味している。カトリックの教義を攻撃するのに都合がよいように、全身すべての部分が寓意となっているのである。

一方、ルーテルが創造した怪物は「牛坊主《メンヒスカルブ》」と呼ばれる、まことに気味のわるい化け物だ。これにも、それぞれ辛辣な寓意がある。のばした細い舌は、軽薄なお喋りを意味し、ぼろぼろに裂けた法衣は、支離滅裂な教義を意味し、肩にかかった大きな頭巾は、異端に対する固陋頑冥ぶりを意味し、全身の無毛は、取り澄ました偽善を意味する。

この「法王驢馬」も「牛坊主」も、多くの絵入り本に何度となく描かれて、十七世紀にいたるまで生命を保った。それらの実在を信じている者もあったらしい。一四九五年、ロオマのティベル河岸に「法王驢馬」の死体が打ち上げられたという記録も残っている。「いつの時代にも、神はもろもろの怪物を創りたまい、もって権力の没落あるいは増大を畏くも告知したまうのである」とメランヒトンがパンフレットの序文で述べている。黙示録に予告された世界の終りが近づけば、いろいろな天災や、悪魔的怪獣の跳梁が目立ってくるのは道理であろう。宇宙的な異象と、人間や動物の畸形とが、あたかも互いに関係があるかのごとく、しばしば平行して起るのである。当時のドイツの年代記を見ると、そのような事実が枚挙に遑ないほど数多く記録されている。全ヨーロッパを覆った宗教動乱は、怪物の誕生のためには、まことに恵まれた条

メランヒトンの「法王驢馬」　ジュネーヴ　1557年

件をつくり出したと言えるだろう。とくに動乱の中心地たるドイツでは、その感が深かった。

たとえば、一四九五年に二つの注目すべき事件が相継いで起った。中部ドイツのウォルムスで、頭のつながった双生児が誕生すると、同時にストラスブルクに近いグッゲンハイムでは、双頭の鵞鳥が生まれたのである。そしてさらに一年後の一四九六年には、ランドセルに一つ頭の牝豚の双生児が出現したという。『阿呆船』の詩人セバスティアン・ブラントが、みずから説明文をつけて彫らせた版画が残っているので、御覧いただきたい。画中に見られる六足の豚は、学者によってその誕生を予言されたものである。

デューラーもまた、当時の抗しがたい風潮に影響されてか、双頭の畸形児を描いている。これは一五一二年バヴァリアにある村に実際に誕生した、エリザベエトおよびマルガレエテという双生児の姉妹で、それぞれ別に洗礼を受けた。身体は同じでも、頭が別ならば二つの人格と見なされたわけなのであろう。このデューラーの絵を見て、すぐ気がつくことは、錬金術の寓意画に、これとそっくり同じ図柄のものが数多く見出されるということだ。男性および女性の原理たる、太陽と月、硫黄と水銀とは、ヘルマフロディトスとして一つの身体に統一されねばならない、——これが錬金術特有の「反対物の統一」という、性的二元論であることは、本文（「アンドロギュヌスについて」の項）中に再三にわたって述べたから、ここでは繰り返さない。

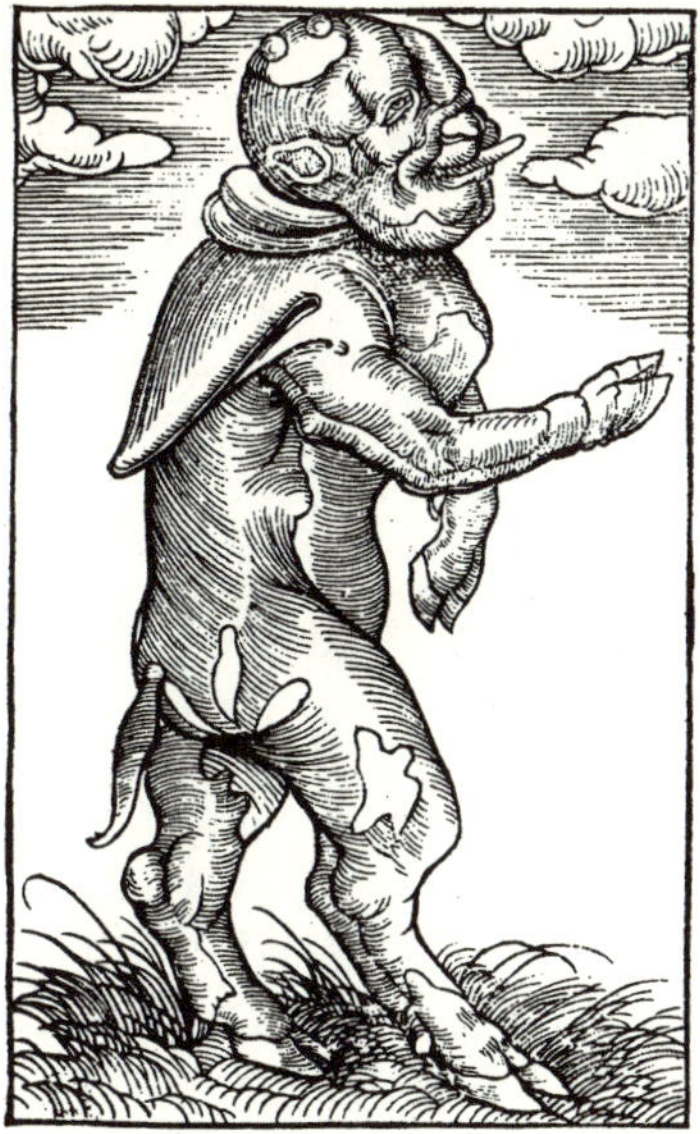

ルーテルの「牛坊主」

十五世紀末から十六世紀の初めまでは、ハプスブルク皇帝マクシミリアン一世（ルドルフ二世の四代前、曾祖父の父に当る）の治世であるが、この期間にあらわれた数々の天体異象や怪物をすべて網羅して、一枚の画中に寄せ集めた男がいる。皇帝の治世史を書く役目であった、お抱え占星学者のヨーゼフ・グリュンペックがそれである。一五〇二年に制作されたその絵を見ると、例のウォルムスの双生児も、グッゲンハイムの鵞鳥も、ランドセルの豚も、ことごとく同じ画面に描きこまれていて、まことに壮観というほかかない。その他には、十二人の子供に取り巻かれた孕み女だとか、森や丘を駈けまわり、沼に飛びこみ、洞窟のなかにもぐりこむ（たぶん狂人だろう）百姓らしい男もいる。空には、ふしぎな焔の雨が降り、髯の生えた二人の男が、月を支えている。そして、これらの異様な黙示録的光景を、まるで聖アントニウスのように畏怖しながら見守っているのは、長剣を片手にした皇帝マクシミリアン一世である。――この絵がボッシュと同時代のものであることを思い出していただきたい。

火の雨だとか、石の雨だとか、日蝕だとか、彗星だとかいった天体の異象が、権力の没落や王の死を予告するという考え方は、占星学の基礎であり、ロオマ以来、こうした異象を寄せ集めた書物は数多くあらわれている。有名なものでは、四世紀後半の人ユリウス・オブセクェンスの編集した『異象論《デ・プロディギイス》』という本がある。この本が、

セバスティアン・ブラトンの怪物の図
ウォルムスの双生児、グッゲンハイムの鵞鳥、ランドセルの牝豚

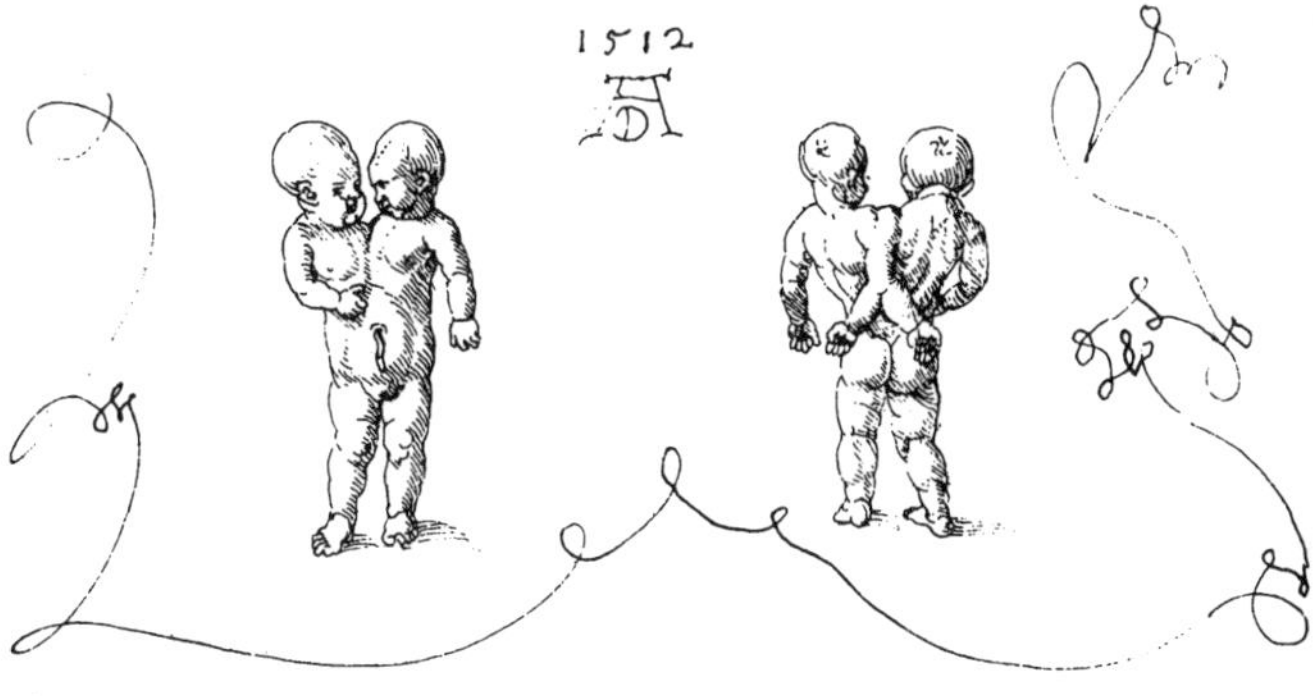

デューラー　双生児姉妹エリザベエトとマルガレエテの図

一五〇八年、当時の著名な印刷業者アルドゥスの許から出版されると、それが刺戟になって、古代の異象信仰はふたたび拡がったようであった。『異象論』は一五一五年フィレンツェで、一五一八年パリで、一五二九年リヨンで、それぞれ版を重ねた。また、この本とは別に、イタリアの歴史家ポリドロ・ウェルギリオの編集した、預言や神託や、怪物や畸形や、前兆や異象などに関する三巻の書物もあらわれて、当時の評判になった。オブセクエンスの『異象論』は、キリスト誕生以前の古代の記録を集めたものであるが、ウェルギリオのそれは、一五二六年ロンドンまでの奇事異聞を扱った、きわめてアクチュアリティのあるものだったから、当時の民衆にとっては新鮮な刺戟だったのだろう。

この二つの『異象論』が一つにまとまって刊行されたのは、一五五二年のことである。バーゼルの奇特な学者コンラッド・リュコステネース（本名はテオバルト・ヴォルフハルトという）が、これを刊行した。しかし、リュコステネースは他人の著述を編集刊行するだけでは満足していられなかった。彼自身、熱心な珍奇現象の蒐集家であり、愛好家であったのである。こうして彼は、アダムの楽園喪失以来、一五五七年にいたるまでの世界の全歴史を包含するところの、尨大な作品『異象および予兆の《プロディギオルム・アク・オステントルム・》年代記《クロニコン》』をついに独力で完成することになった。この書物がバーゼルで刊行された年が、すなわち一五五七年であり、この紀念すべき最後の年には、額と頸がなくて、肩の上に直接に頭部の接した男の子が生まれている。もとより、これだけ大部の作品をまとめ上げるには、古代や中世や、あるいは同時代やの書物から、必要なあらゆる資料を漁りつくさねばならなかった。アルベルトゥス・マグヌス、パラケルスス、ルーテル、メランヒトン、そのほか同時代の地理学者や、博物学者や、年代記作者の著述を彼は片っ端から引用している。ちょうど一年前に、ドイツの地理学者セバスティアン・ミュンスターの名著『コスモグラフィアエ・ウニウェルサリス』の三版がバーゼルで刊行され

皇帝マクシミリアン一世の時代の異象
ヨーゼフ・グリュンペック編　1502年

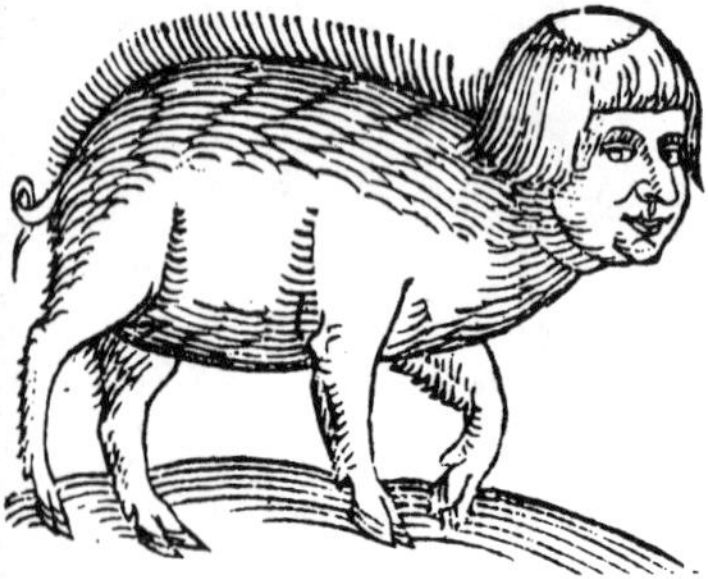

リュコステネースの怪物『異象および予兆の年代記』（バーゼル1557年）より

たばかりであったが、リュコステネースは、この本に挿入された版画をそのまま利用しているのだ。そのほか、彼が挿絵のために利用した本は二つある。一つは、チューリッヒの博物学者コンラッド・ゲスナーの『ヒストリアエ・アニマリウム』（一五五一―一五五八年）であり、もう一つは、やはりチューリッヒの医者ヤーコブ・リュフの『人間生殖論』（一五五四年）である。

　この怪物の集大成ともいうべきリュコステネースの紀念

碑的な書物には、セバスティアン・ブラントの畸形児も、メランヒトンの「法王驢馬」やルーテルの「牛坊主」も、さらにまた、ゲスナーの『動物誌』に採用されて有名になったデューラー筆の犀の図も、すべて遺漏なく載録されている。まさに怪物学大全と呼ぶにふさわしい。なかでも興味ぶかいのは、ミュンスターの『コスモグラフィアエ』から転載した版画で、北方の海の怪物を寄せ集めた一枚の図だ。鋏のある大エビや、のたくる巨大な海蛇を初めとして、頭から潮を吹き出す獣のような魚や、牙のある牛のような魚や、さては、得体の知れない兇暴な魚までが波間にひしめき合っている。また、今までの動物誌に採り上げられなかった珍種としては、「モンストルム・サテュリクム」という怪物の図がある。これは前肢が犬、後肢が鳥といった獣で、しかも顔は人間であり、顎の下に鶏の肉垂れのような奇妙な瘤が垂れ下がっている。ゲスナーによれば、一五三一年、ザルツブルクの森林で捕獲された珍獣だそうだ。七つの頭に王冠をかぶった黙示録風なドラゴンは、一五三〇年、トルコからヴェネツィアに連れてこられ、次いでフランソワ一世に献じられたという。一五一二年、ラヴェンナにあらわれた怪物は、頭の上に一本の角があって、女のような胸をしており、翼をひろげ、鳥のような一本足で立っている。これらの怪物の図も、リュコステネースの本にはちゃんと載っている。

北方の海の怪物　セバスティアン・ミュンスター
『コスモグラフィアエ』（バーゼル　1556年）より

不幸にして著者は四十三歳で死んだけれども、この前代未聞の浩瀚な怪物誌は、ヨーロッパ中に大成功を博し、動物学者のあいだにさえも影響を与えた。科学者の客観的な研究方法は、まだ確立されておらず、自分が見たことのない遠隔の地の奇蹟や異象については、誰もはっきりしたことが言えない時代だったのである。リュコステネースの本が出た後に刊行された、ゲスナーの水棲動物に関する書物（チューリッヒ、一五五八および一五六〇年）には、新たに空想的な種族が大幅に採り入れられている。たとえば、「イクティオ（魚）ケンタウルス」といったような奇怪な動物や、全身鱗だらけのライオンや、トマ・ド・カンタンプレ時代の遺産である「海坊主」などといった荒唐無稽な怪物を、この高名なルネサンスの動物学者が、大真面目で論じているのだから面白い。

コンラッド・ゲスナーの怪物
「イクティオケンタウルス」（上）と「モンストルム・サテュリクム」（下）

幻想的な動物誌が、最も完全かつ組織的な形で完成されたのは、かように十六世紀の中葉、スイスにおいてであった。バーゼルとチューリッヒで、相呼応するかのように、学

ラヴェンナに生まれた一本足の怪物　リュコステネースの書より

者たちが木版画入りの書物を次々に出版した。ベルギーのアントワープでは、このころ幻想的な画家たちの関心は、もっぱら中世的な「誘惑」図や「地獄」図に向けられていたのに、スイスでは、画家たちの幻想が近代の実験的知識の体系に組み込まれていたのである。人文主義的精神が、スイスでは奇妙な方向に外れて行ったらしい。そう言えば、パラケルススがバーゼル大学で講義をしたのも十六世紀の中頃、正確には一五二六年のことであった。早くから人文主義思想の洗礼を受けていたのに、その一面としての姑息な百科全書的精神のみが、おそらく異様にゆがんだ形で発達したのであろう。そしてその結果が、あのような畸形学の時代錯誤的な開花に終ったのである。

　怪物物語は、その十六世紀における総本山たるスイスから、徐々にあらゆる地方に伝播して行った。それはパリに達して、フランドル地方から来た別の幻想の波と、ぶつかり合った。そのぶつかり合う二つの波のあいだで、双方の影響を大きく受けたのが、フランスのリュコステネースとも称すべき、ブルターニュ生まれのピエール・ボワトオである。彼は『不可思議物語』（パリ、一五六一年）という本をフランス語で書いた。その本の序文のなかで、彼は自分が典拠とした作家たちの名前をいくつか挙げている。リュコステネースは申すまでもないが、その他には、ユリウス・オブセクェンス、ポリ

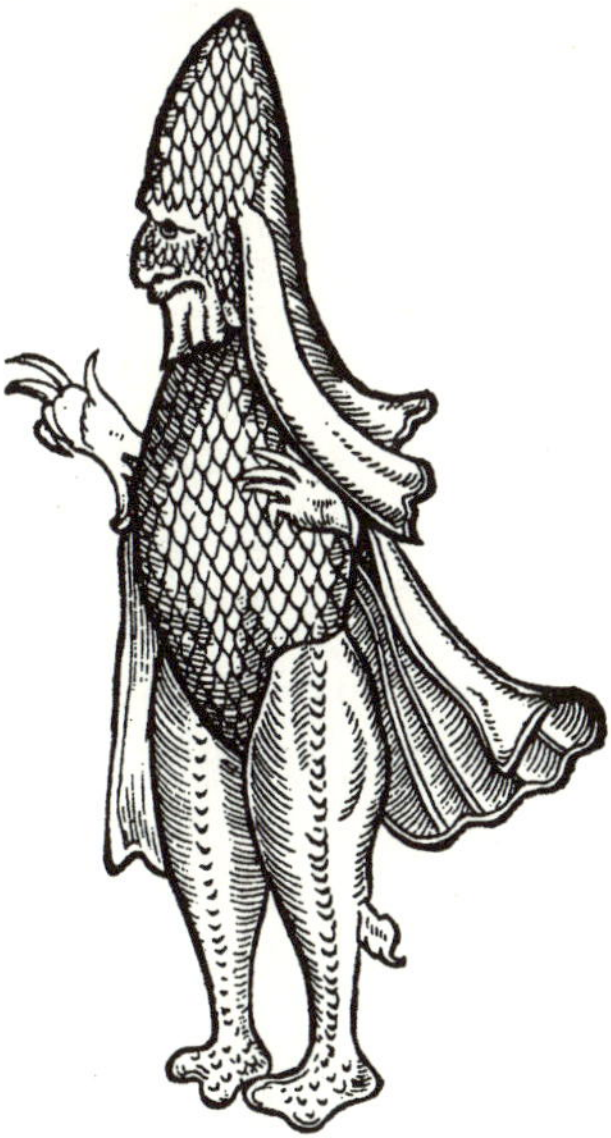

コンラッド・ゲスナーの「海坊主」の図『イコーネス・アニマリウム』（チューリッヒ　1560年）より

ドロ・ウェルギリオ、ヨアヒム・カメラリウス、セバスティアン・ミュンスター、ヤーコブ・リュフ、ジロラモ・カルダーノ、カスパアル・ポイツァーなどの名が数えられる。いずれも斯界の大権威であり、なるほど『不可思議物語』には、これらの先人から借用したエピソオドや挿絵がふんだんに採り入れられている。リュコステネースの本にある、ラヴェンナの一本足の怪物の話も、ザルツブルクで捕えられた「モンストルム・サテュリクム」の話も、フランソワ一世に献げられた七つの頭の龍の話も、みんな再録されている。が、このピエール・ボワトオが先人と決定的に異なるところは、怪物の誕生する原因や、異象の発生する原因を、いろいろな角度から執拗に解明しようと努めている点であろう。たとえば、「ボヘミア王に献げられた、全身に毛の生えた熊のような娘」が、なぜそんな怖ろしい姿で生まれたのかというと、たぶん、その母親が「子供を孕んだとき、枕もとに掛けてあった、獣の皮を着た聖ヨハネの像を、あまりにも熱心に眺めていたため」であろう、と推理するのである。けだし、「子供を孕んだとき」は「妊娠中」と言い直すべきであろう。ボワトオはフロイトを知らなかったけれども、辛辣な心理学的洞察力には恵まれていたようである。『不可思議物語』はよく売れたらしく、数版を重ねたが、後に著者が死んでから異本もいくつか現われた。一五七五年パリで刊行されたものは、ベルフォレという人によって増補された版である。また一五九四年アントワープで刊行されたものは、前のベルフォレのほかに、さらにテスラン、オワイエ、ソルバンなる三人の者が手を加えた版である。

雷に撃たれて死んだ娘　ピエール・ボワトオ『不可思議物語』より。ロオマのポンペイウス・リウィウスという者が、娘を連れて、馬に乗って原っぱを通っていると、突然、娘が雷に撃たれ、馬から落ちて死んでしまった。驚いたことに、雷は娘の口から体内に入って、陰部から出て行ったというのである。娘の舌はもぎ取られて、両脚のあいだに落ちていた。『不可思議物語』は、こういう奇妙なエピソオドの連続である。

このピエール・ボワトオに合理的客観的思考への萌芽が認められるとするならば、次に採り上げるべきアンブロワズ・パレは、さらにこの傾向を一段と深めている。彼はフランスの最初の宮廷付外科医であり、近代医学の先駆者の一人であった。リュコステネースより八年早く、一五一〇年頃に生まれておりながら、このフランスの外科医は、早世したスイスの幻想家よりも、じつに二十五年も永生きしているのである。彼の『著作集』（パリ、一五七五年）のうちの一書は全篇すべて、三十章あまりに及ぶ畸形の問題に宛てられている。この本は後に再版（一五七九年）されたとき、アンドレ・テヴェの『コスモグラフィー』を付け加えられた。しかし、この近代医学の始祖たるパレは、畸形の発生の問題については、それほど新らしい見解を示しているわけでもないのである。彼によれば、畸形の原因は神の怒りであり、悪魔の仕業であり、そしてまた、妊婦が醜いものを眺めすぎた結果、その像をしっかり胸のなかに刻みつけてしまったことによるのである。この三番目の原因は、ピエール・ボワトオの見解と一致する。このように心理学の面からは、さして独創的な意見を出しているとも思われないが、生理学的なメカニズムの面からは、さすがに医者らしいところを見せている。つまり、手脚がたくさんあったり、胴体がたくさんあったりするような子供の畸形は、その受胎の際の両親の性的放縦に関係しており、頭がなかったり、手脚がなかったりするような子供の畸形は、その両親の性的無力に関係している、というのである。そして、人間の頭をした豚だとか、犬の頭をした人間だとかいった、いわゆる「雑種形成」が生まれるのは、罪ふかい人獣交婚の結果にちがいない、と断定する。そのような途方もない怪物が果して実在するか否か、ということについては、少しも疑いを抱かないのである。ただ外科医のリアリスティックな眼によって、幻想的な怪物がよりリアリスティックに描かれるばかりである。

さて、十七世紀以後はごく簡単に述べよう。

怪物の挿絵は相変らず出版された。一六〇九年にはフランクフルトで、J・G・シエンクの『畸形の歴史《モンストロルム・ヒストリア》』が出た。一六三四年にはパドゥアで、F・リチェッティの『畸形の原因について《デ・モンストロルム・カウシス》』（これは一六六五年アムステルダムで再刊されている）が出た。一六四二年にはボロニヤで、ウリッセ・アルドロヴァンディおよびアンブロシニ共著の『畸形の歴史《モンストロルム・ヒストリア》』が出た。（同じ著者が一六四〇年、やはりボロニヤから出した『蛇および龍の歴史《ヒストリア・セルペンテイウム・エト・ドラコヌム》』も見逃すことができない。）一六六二年にはヴュルツブルクで、G・ショットの『珍奇なる学あるいは自然と人工の驚異《フイジカ・クリオサ・シヴエ・ミラビリア・ナトウラエ・エト・アルテイス》』が出た。

スキタイの羊

イタリアのヴェネツィアに近いポルデノーネに生まれたフランチェスコ会の宣教師オデリコは、一三一四年ころ東方布教を志し、小アジア、ペルシア、インド、セイロン、スマトラ、ジャヴァ、ボルネオを経て中国の泉州に上陸、元の大都（現在の北京）に三年間滞在してから、やがて内陸の吐蕃（現在のチベット）を通って帰国した。この文字通りの大旅行を記録したのが、当時のヨーロッパの民衆に広く愛読されたオデリコの『東方紀行』であって、そのなかには、未知なる東方の国々のいろんな不思議な民族や動物や植物のことが報告されている。

たとえば、この『東方紀行』の第三十一章に、「一頭の仔羊大の獣が生まれるメロンについて」という記述があるから、次に引用してみよう。

「カディリと呼ばれる大王国には、カスピ山脈（現在のコーカサス山脈）と呼ばれる山々があり、この地には、非常に巨大なメロンが生ずるそうだ。メロンは熟すると二つに割れて、そのなかに一頭の仔羊ほどの大きさの小動物が見られるという。だから、このメロンには果実と、果実のなかの肉とを持っていることになる。」

この奇妙な植物羊の伝説は、中世のヨーロッパで非常に広く知られていたらしく、オデリコの旅行記から多くを剽窃したとおぼしいジョン・マンデヴィルの『東方旅行記』（一三六〇年ごろ）にも、中世の百科事典として名高いヴァンサン・ド・ボーヴェの『自然の鏡』（一四七三年）にも、同じような記述が見つかる。おそらく、ペルシアから伝わった伝説であろうと思われる。

ヴァンサンの『自然の鏡』では、この植物羊は「スキタイの羊」という名前で呼ばれている。スキタイとは、黒海北岸の草原地方をさす。前に引いたオデリコの『東方紀行』にはカディリとあるが、このカディリと呼ばれる地方も、現在のヴォルガ河下流からコーカサス山脈にかけての地方と推定されるので、スキタイとぴったり符合する。

ヴァンサンの記述によると、この「スキタイの羊」（「韃靼《だったん》の羊」とも呼ばれる）は仔羊に黄色っぽい綿毛に覆われており、臍の緒に似た長い茎で地面に繋がっている。仔羊にそっくりで、切れば血のような汁が出るという。さらに別の説では、この「スキタイの羊」の毛皮は、羊毛のように保温の役に立つので、季節には商人が摘み取りに行くともいう。

十六世紀の初め、神聖ローマ皇帝マクシミリアン一世の大使としてモスコウに派遣された、スロヴェニア人の外交官シギスモンド・ヘルベルスタインの見聞録『ロシア事情解説』（一五四九年）にも、この植物羊の話題は出ていて、それは原産地のサマルカンドからヴェネツィアに輸出され、「回教徒は誰でも帽子の裏に、動物の毛皮の代りに、この植物の繊維で織った毛皮を用いる」などと書かれている。もしヘルベルスタインの報告が正しければ、オデリコはわざわざ東方くんだりまで足をのばさなくても、生まれ故郷に近いヴェネツィアで、サマルカンドから送られてきた「スキタイの羊」を見ることもできたはずであろう。

オデリコの報告では、植物羊がメロンのような果実のなかから生まれるという点が強調されているが、ヴァンサン・ド・ボーヴェやヘルベルスタインの記述では、むしろ植物羊の綿毛が強調されている。それかあらぬか、一説では、この「スキタイの羊」はバロメッツ、あるいはポリポディウム・バロメッツと呼ばれることがある。

バロメッツとは、中国の北部に自生する、実在の羊歯植物の一種を意味するのだ。なるほど、羊歯の若葉には綿毛が密生しており、各地でこれを紡績して織物に用いることも、よく知られていよう。羊歯の根や茎に密生する金色の繊毛が、羊毛によく似ているので、バロメッツと「スキタイの羊」とがごっちゃにされたのかもしれない。H・リーの研究『韃靼の植物羊』（一八八七年）によると、じつは「スキタイの羊」は棉の木だということになるらしいが、私をして言わしむれば、棉の木よりはむしろ羊歯の方が似つかわしいような気がする。

スキタイの羊
マンデヴィルの『東方旅行記』より

北鎌倉の私の家には、庭つづきの裏山に巨大な羊歯がおびただしく生えている。春になって、繊毛に覆われた若芽が地中から出てくると、私はいつもバロメッツという言葉を思い出す。実際、それは小さな羊がちぢこまっているように見えるのだ。

ところで、私は最近、評判になっているジョセフ・ニーダム博士の大著『中国の科学と文明』の第一巻に目を通したが、ここでも「スキタイの羊」のエピソードが語られているのには驚いた。ニーダム博士は中国側の文献を渉猟して、この伝説がヨーロッパばかりでなく、ペルシアでも中国でも、古くから語られていたことを証明しているのである。もっとも、私たちはすでに南方熊楠の快著『十二支考』を知っているから、ニーダム博士の指摘にそれほど驚く必要はないかもしれない。

南方熊楠は「スキタイの羊」に関して、「これは支那で羔子《カオツエ》と俗称し、韃靼の植物羔とてむかし欧州で珍重された奇薬で、地中に羊児自然と生じおり、狼好んでこれを食らうに、傷つけば血を出す、など言った」と書いている。『古今要覧稿』に引かれた『西使記』には、「壠種《ろうしゅ》の羊は、西海に出づ。羊の臍をもって土中に種《う》え、漑《そそ》ぐに水をもってす。雷を聞いて臍系《へそのお》を地中に生ず。長ずるに及び、驚かすに水をもってすれば、臍すなわち断つ。すなわちよく行《ある》いて草を嚙む。秋に至って食らうべし。臍内また種あり」とあるそうだ。

熊楠は「欧州で珍重された奇薬」と述べているが、たしかに苔の生えた羊歯の根株はヨーロッパで止血のための特効薬として利用されていたようである。

熊楠は「スキタイの羊」の伝説を「真にお臍で茶を沸かす底の法螺談」として一笑に付しているけれども、一方、ニーダム博士は、この伝説の起源を合理的に説明しようと躍起になっている。このあたりに、あるいは熊楠の学問の限界ともいうべきものを見てよいかもしれない。

ニーダム博士の推理するところでは、植物羊の伝説は、棉の木とも羊歯とも関係がなくて、その起源は、「ある種の海棲弁鰓類に属する軟体動物、ハボウキガイが吐き出す糸」にあった。ヘレニズム時代に、この糸を乾燥して織物になし得ることが地中海沿岸で発見され、シリアの商人が、この奇妙な織物を中国に輸出したのである。やがてこれが伝説化して、ハボウキガイを海岸に上陸せしめ、次いでこれを羊に代えるといったような、物語の大幅な改変が行われたのだった。――むろん、私には、このニーダム博士の所説の真偽を判定する資格とてないが、ともかく面白い着眼であることだけは認めざるを得ない。

シルク・ロードや西域を中心とした、東西文化交流史の雄大なイメージが、この片々たる「スキタイの羊」に関する考証から、滾々と湧きあがってくるような気がするのは、おそらく私ばかりではあるまい。

アルゼンティンの幻想小説家ボルヘスは、その小著『幻想動物学提要』のなかに植物羊バロメッツを採りあげ、この怪物の特徴は「植物界と動物界とが結びついていることだ」と述べている。

「このテーマについては」とボルヘスはさらに言う、「抜き取ると人間のような叫び声を発するマンドラゴラや、傷つけられた幹から血と言葉とを同時に出す、ダンテの『地獄篇』第七圏における悲惨な《自殺者たちの森》をも思い出しておこう」と。

ボルヘスは書いていないが、私はさらに、この系列に属する植物の怪異として、中世のペルシア詩人の作品によってヨーロッパに伝えられた、支那海の果てにあるというワクワク島の伝説をも付け加えなければならないと思う。

ワクワク島では、イチジクに似た植物の果実から、羊ではなくて、人間の若い娘が生じるのである。果実が熟すると、娘は完全な肉体を揃えて、髪の毛で枝からぶら下がり、やがて熟し切ると、「ワクワク」という悲しげな叫び声をあげながら、枝から落ちて死んでしまう。哀切な童話的な幻想にみちた伝説と言ってよいだろう。

私はイランに旅行したとき、薔薇の花の咲き乱れたイスパハンのホテルの中庭で、西瓜のように大きな、中身が黄色くて甘いメロンを食べたが、残念ながら、メロンの中から羊は飛び出してこなかった。

スフィンクス

ギリシアのスフィンクスとエジプトのスフィンクスとはまったく違う。まず、エジプトのスフィンクスから述べよう。

エジプトにおいては、そもそもスフィンクスとは、人間（男性）の顔と獅子の胴体をもった怪獣である。有名なギゼーのピラミッド群の近くにある大スフィンクスは、最も古いものであるが、その顔を第四王朝（大ピラミッド時代）の王カフラーの容貌に模して造ったのであろうと言われている。王さまの像に獅子の胴体をあたえるなどとは、不敬もはなはだしいと思われる向きもあろうが、エジプトでは、獅子は王権のシンボルなのであって、神聖な獣と見なされていた。決して不敬でも不当でもなかったのである。

今では風化して鼻が欠け、王冠が落ち、王者の威厳を失って、高さ約二十メートルの単なる石灰岩の巨像にすぎなくなっているけれども、五千年前の盛時には、この顔に赤褐色のけばけばしい色が塗られていたのだと思うと、その奇怪さはいかばかりであったろうかと想像される。遠い地平線に向けられたスフィンクスの謎めいた視線は、何を語っているのであろうか。

ギゼーの大スフィンクスに関しては、さまざまな伝説が語られているが、ここでは、前に伸ばしたスフィンクスの両脚のあいだに立っている、花崗岩の碑についてだけ述べておこう。この碑は、第十八王朝のトトメス四世の建てたもので、彫り刻まれた碑文には、次のような物語を読むことができる。

トトメス四世がまだ王位につく前のある日、狩猟に疲れて、スフィンクスのほとりで昼寝をしていると、夢のなかに、太陽神ハルマキスの化身であるスフィンクスが現われて、自分の像が砂に埋もれているから、この砂を取り除いてくれるならば、地上における神の王国たる上下両エジプトの支配権をあたえてやろう、と約束した。そこでトトメス四世は夢のお告げにしたがって、スフィンクスを砂から掘り出し、約束通り両エジプトの王になったというのである。いわば、スフィンクス縁起ともいうべき石碑であろう。

　しかし、このエピソード一つをもって、ギゼーの大スフィンクスをただちにハルマキス神像と見なすのは考えものであろう。第十八王朝時代には、そのように解釈されていたのかもしれないが、それより千五百年前の昔に造られたスフィンクスが、造られた当時、何を表わしていたかは依然として不明だからである。この石碑にしても、さらに後世の偽造物でないとは断言し得ないのだ。エジプト王朝の歴史は、気が遠くなるほど長いのだということを銘記しておく必要がある。まあ私たちとしては、最初に書いておいた通り、学者の説にしたがって、このスフィンクスをカフラー王の肖像だと思っていれば十分であろう。

　もっとも、すべてのエジプトのスフィンクスが王の肖像だというわけではない。ヘロドトスは『歴史』第二巻百七十五章で、アンドロスフィンクス（人頭スフィンクス）という表現を用いているが、これは羊頭《クリオ》スフィンクスや鷹頭スフィンクスと区別するためであったろうと考えられる。つまり、胴体が獅子で、首が牡羊や鷹のスフィンクスもあったのである。もちろん、これらは王の像ではあるまい。

　羊頭スフィンクスで有名なのは、カルナック神殿の参道の両側に向き合って整然と並んだ、数十個の彫像群であろう。牡羊は、カルナック神殿の本尊である神々の王アメン・ラーの聖獣であった。ただ、こうした羊頭や鷹頭の変種は、いずれも後代の産物であって、古代エジプト本来のスフィンクスは、ギゼーの大スフィンクスに見られるような人頭獅子身であったにちがいない。

ギリシア人はエジプト人からスフィンクスを譲り受けたわけであるが、奇妙なことに、これをまったく女性化してしまった。次に、ギリシアのスフィンクスについて述べよう。

エジプトのスフィンクスが両脚を前に伸ばして、平べったく寝そべった牡の獅子であるのに対して、ギリシアのそれは前脚を立てて、胸を張って坐っている牝の獅子である。しかも、その顔は美しい女の顔で、胸には二つの乳房がある。プリニウスも『博物誌』第八巻三十章で、エティオピアに棲む怪獣を列挙しながら、スフィンクスを「胸に二つの乳房をもった赤毛の獣」と記しており、それが牝であることを強調しているかのようだ。さらに違うところは、ギリシアのスフィンクスには翼があって、グリュプス（半鷲半獅子の怪獣）あるいはハルピュイア（女頭鷲身の怪獣）にいちじるしく近くなっている点であろう。

こうしてみると、王冠をいただいて威容を誇っているエジプトの男のスフィンクスと、乳房を突き出して女の顔をしたギリシアのスフィンクスとのあいだには、歴史的な影響関係はほとんどなかったのではないか、という気がしてくる。だいたい、ギリシアのスフィンクス伝説の起源がせいぜい紀元前八世紀ないし十世紀だと思われるのに対して、エジプトのスフィンクスの造られたのは、何と紀元前三十世紀の大昔なのである。ヘロドトスのエジプト旅行でさえ、ずっと後の紀元前五世紀のことにすぎなかった。

スフィンクスとオイディプース　ギリシアの壺絵

スフィンクスという言葉は元来ギリシア語で、「絞め殺す者」というほどの意味である。括約筋をあらわすスフィンクターという言葉も同じ語源だ。おそらく、ギリシア人は幾千年の歳月に堪えて残った、砂漠のなかの大昔のエジプトの巨像を見て、それが自分たちの発明したスフィンクスにいくらか似ているところから、この名前を巨像にも適用したのであろうと思われる。こうしてスフィンクスとギリシア名で呼ばれるようになると、エジプトの巨像の本来の名前は失われてしまったらしい。

「絞め殺す者」という言葉が端的に示しているように、ギリシアのスフィンクスは残忍な、邪悪な女性的原理のシンボルである。『ギリシア神話における象徴』のなかで、心理学者のポール・ディィエルは次のように書いている。「半ば女で半ば獅子のスフィンクスは、淫蕩と邪悪な支配の象徴である。ある種の図像においては、この怪獣の尾の先端は蛇の頭になっている」と。

周知のように、ギリシア神話でとくにスフィンクスが重要な役割を演ずるのは、テーバイ伝説においてである。同性愛の悪徳にふけっていたラーイオス王を罰するために、スフィンクスは女神ヘーラーによってテーバイに送られ、町の西方の岩山に陣どり、通行人に謎をかけて、解けない者を取って食うのである。この謎を解いたのがオイディプースで、謎が解けるや、スフィンクスは崖から身を投げて死ぬ。謎については、わざわざ私が説明するまでもあるまい。

フロイト以来、エディプス・コンプレックスという名で知られるようになった、このオイディプースを主人公とする家庭劇では、謎をかけるスフィンクスはあくまで脇役にすぎないが、それでも多くの心理学者によって、この女怪のあらわす深い意味が採られてきた。その一つとして、C・G・ユングの解釈（『心理学的類型』）を紹介しておこう。

「神話学的には、スフィンクスは一個の恐ろしい獣であって、そこに母からの派生物を認めるのは容易である」とユングは書いている。つまり、ユングによれば、スフィンクスはイオカステーを補うものとして、母のなかの恐ろしい面を代表しているというわけだ。危険なアニマの象徴と言ってもよいだろう。

西欧世界に導入されて、完全に女性化してしまったスフィンクスは、その後、ルネサンスやバロックの美術工芸のなかで、装飾モティーフとして生き残ることになった。私たちは、たとえばティヴォリのエステ荘の噴水庭園で、突き出した乳房から水を噴き出しているスフィンクスの彫像を眺めることができる。

バロック時代とともに、スフィンクスのイメージがもてはやされたのは、十九世紀末のデカダンスの時代であった。ギュスターヴ・モロー、オディロン・ルドン、オスカー・ワイルドなどといった芸術家が、いかに驕慢な女獣のイメージを愛したかを私たちは知っている。オイディプース神話を踏まえた女獣のイメージには、もしかしたら倒錯の魅力も加わっていたのかもしれない。

大山猫

「肉体の美しさは、ただ皮膚にあるのみだ。もしも人間がボイオテイアの大山猫のように、皮膚の下にあるものを見ることができるならば、誰もが女を見て吐き気を催すことになろう。女の魅力も、じつは粘液と血液、水分と胆汁から出来ている。いったい考えてもみよ、鼻の孔に何があるか、腹のなかに何が隠されているか。そこにあるのは汚物のみだ。それなのに、どうして私たちは汚物袋を抱きたがるのか。」

右は、十世紀のフランスの修道士オドン・ド・クリュニーの言葉である。ホイジンガの『中世の秋』(第十一章)にも、サルトルの『聖ジュネ』(第四部)にも引用されているから、よほど有名な言葉なのであろう。じつは、私はかれこれ十数年前、ホイジンガやサルトルを読んで以来、このボイオテイアの大山猫という奇妙な動物に、猛然と好奇心を呼びさまされて、現在にいたっているのである。

ボイオテイアは中部ギリシアの一地方で、アテナイから見れば田舎である。そこに棲んでいるという大山猫（ラテン語ではリュンクス）が、あたかもレントゲン線のように、遮るものをすべて見透かしてしまう、鋭い視線の持主であるという伝説は、ヨーロッパにおいて、非常に古くからのものだったらしい。古代や中世の作家の文章のなかに、よく出てくるのである。たとえば十三世紀のブルネット・ラティーニによれば、大山猫には、女の肉体どころか、壁や山をも見透かしてしまう力があるという。まことに驚くべき能力である。

たしかに猫族の目は、夜の闇のなかでも、燐のようにきらきら輝いているから、不透明な物質をもつらぬき通すような、神秘な眼光に恵まれていると想像されたのかもしれない。

ギリシア神話に出てくるリュンケウスという人物も、その名前が「大山猫の眼をもつ者」を意味するように、千里眼の持主ということになっていた。その独特の能力を買われて、アルゴ船の遠征に参加する。あるいはまた、樫の樹の洞のなかに隠れているカストールを、その透視力で発見したりする。まあ、大山猫の化身のような男だと思えばよろしかろう。

この鋭い透視力という性質のために、中世のキリスト教の象徴理論では、大山猫は、キリストの全知をあらわすこともあった。また、古くから大山猫は豹（パンテーラ）と混同されていたので、中世の動物誌のなかには、両者を同じ動物と考えているものもある。時代はくだって、ルネサンス期の貴族の紋章にも、明敏や明智を象徴するものとして、大山猫のデザインはよく用いられたらしい。

ところで、大山猫の超能力は、単に鋭い透視力にあるばかりでなく、古代人によると、また聴覚の鋭敏さにもあった。彼らは美しい音楽に感動するのである。さればこそ、ウェルギリウスは『牧歌』第八篇のなかに、たそがれの薄明りの牧場に響いてくる、ダモンとアルペシボイアのすばらしい歌声に魅惑されて、身動きもできなくなってしまった大山猫のすがたを示したのである。

さらにもう一つ、古代人の語り伝えるところの、大山猫の不思議な能力について述べなければならないが、それにはまず、プリニウスの『博物誌』第八巻五十七章を引用しておくべきだろう。

「大山猫の尿は、排出されると結晶し凝固して、柘榴《ざくろ》石《いし》によく似た、燃えるような輝きを放つ石になる。これはリュンクリウム（大山猫石）と呼ばれる。また多くの著者

大山猫

が述べているところでは、黄琥珀《きこはく》も同じ種類の産物である。大山猫は、自分の尿が何になるかをよく知っていて、盗まれないように、これを地中に隠す。こうすれば、もっと早く凝固するのである。」

大山猫の体内で形成される石をリュンクリウムと称するわけだが、もちろん、そんなことは実際には起り得ない。鋭敏な透視力や聴覚と同様、これもまた、古代人の想像の世界のことにすぎない。プリニウスの先輩格にあたるテオフラストスの意見によると、しかし、大山猫の石は琥珀の色をしていて、最良のものは灰色であり、これをリグリア石と称する。そして、このリグリア石には、精神錯乱や癲癇や黄疸に対する効能があるという。

リグリアは古代イタリアの地方名であり、この地方では、古くから実際に琥珀を産出した。おそらく、このリグリアとリュンクス（大山猫）とが俗間で混同されて、獣の体内で石が生じるというがごとき、途方もない伝説を生み出したのではないかと思われる。もっとも、それもよくあることで、たとえば古代には、象の精液が凝固して石になるという伝説もあったようだ。

『石譜』の作者として知られる十二世紀のレンヌの司教マルボードは、大山猫がその尾で足跡を消して、貴重な宝石を人間に盗まれないようにすると語っている。ブルネット・ラティーニの意見では、砂のなかに隠すという。そんなことから、この動物は欲が深いという見方もあるようだが、それは人間の勝手というものだろう。客観的にみて、大山猫に罪があるとはとても思えない。

しかしながら、民衆の頭のなかで作りあげられた、自分の排泄物を大事にするという大山猫の習性には、精神分析学の中心的仮説の一つである、金銭欲は肛門愛に由来するという見解を思わせるものがあって興味ぶかい。金銭コンプレックスと排便排尿とのあいだには、深い関係があるというのがフロイトの主張であった。もしかしたら、この大山猫の奇妙な伝説にも、多くの神話や童話におけるように、民衆の無意識的な思考が反映しているのかもしれない。

鉱物学の世界で、一般にリュンクリウムあるいはリグリア石と呼ばれているのは、電気石《でんきせき》あるいはトルマリンと称する珪酸塩鉱物の一種だという。なかには成分によって、青、緑、赤などの、きわめて美しい色を呈するものもあり、宝石として用いられるそうだ。こうしてみると、どうやら琥珀とはあまり関係がなさそうである。

大山猫の尿ではなくて、内臓について奇妙な意見を述べている古代作家もあるから、参考のために引用しておこう。あの『パルサーリア』を書いたローマの叙事詩人ルーカーヌスで、彼の説によると、大山猫の内臓は、魔女エリクトーがテッサリアで媚薬の材料とするものだという。

ヨーロッパやアジアに棲む山猫には種類がきわめて多いけれども、有名な動物学者のキュヴィエによると、古代人がリュンクスと呼んだ大山猫は、インドから中近東を経てアフリカ大陸にまで分布する、耳の先端に黒い毛房のあるカラカルという一種だそうだ。カラカルというのはもともとスペイン語で、トルコ語ではカラクラという。三世紀のギリシアのオッピアノスは、これを豹の一種として分類し、七世紀のセビリヤのイシドールは、これを狼の一種として分類していたらしいが、現在の動物学では、もちろん、食肉目猫科として分類される。

カラカルは大山猫のうちでも、最も兇暴な種類の一つであるが、インドでは、これを狩猟用として飼育し訓練するという。古代エジプト人が尊崇し、ミイラとして大切に保存していたのもカラカルであった。

ちなみに、シャルボノー・ラッセの『キリストの動物誌』によれば、古代のシンボリズムにおいて大山猫と対比させられていた動物は、おもしろいことにモグラだったという。前者はすべてを見透かしてしまう鋭い眼力の持主であるが、後者は土のなかで暮らしており、ほとんど眼が見えないのだ。いや、かつてはモグラには眼がないと信じられており、太陽の光にあたればただちに死ぬと考えられていたのだ。

ラ・フォンテーヌの『寓話』のなかに、この大山猫とモグラを歌った皮肉な詩があるから最後に引用しておこう。

我々は仲間に対しては大山猫であり
自分に対してはモグラである。
自分に対してはすべてを許すが
他人に対しては一切を許さない。
隣人を見る目とは違った目で
自分自身を眺めているのだ。

ボイオティアの山猫

ボエティウスの『哲学の慰め』第三巻八章に、次のような記述がある。

「もしアリストテレスの言うように、人間が大山猫の目を借りて、その鋭い目で遮るものを見通したならば、あのアルキビアデスのほれぼれする肉体も、腹の中が見透かされて、きたならしく見えないだろうか。これを要するに、あなたが美しく見えるのも、あなたの生まれつきではなく、見るひとの視力が弱いからなのだ。」

ギリシアのボイオティア地方に棲む大山猫が、あたかもレントゲン線のように、遮るものをすべて見透かしてしまう、鋭い視線の持主であるという伝説は、非常に古くからのものであり、中世においてはもちろん、十六世紀になってからも、チューリヒ大学の博物学教授コンラッド・ゲスナーが、その名高い『動物誌』のなかで、この珍説を大真面目に主張しているほどである。

私はつねづね、このボイオティアの大山猫のような、超感覚の透視力を得たいものだと考えているが、それは必ずしもボエティウスのように、人間の肉体の見かけの美しさに騙されまいとする、道徳的な配慮のためばかりではない。また、ユリ・ゲラーのようにテレビに出て、その超能力を見せびらかしたいためでもない。ただ、隠されているものを暴き出したいという、単なる無償の好奇心のためだけにすぎない。

たまたま銀座の、とあるビルの地下の小さな画廊で、「アナトミア展」というのが開かれているのを見て、私は、この山猫コンプレックスともいうべき欲望が、伝説や道徳の領域ばかりでなく、哲学や科学や芸術の領域においても、昔から、私たちの心をひそかに支配してきたものだということの、恰好な例証を発見したと思った。

フランスのプラトン学者ピエール゠マクシム・シュールは、プラトンとアリストテレスを比較し、プラトンよりは弟子のアリストテレスの方が、はるかにラディカルな山猫コンプレックス（この用語はシュールのものではなく、バシュラールにならった私の命名である）の持主であったということを述べているが、まあ、この問題はしばらく措こう。

ルネサンス期の画家たちは、その多くが山猫コンプレックスに憑かれていて、レオナルドも、ラファエロも、ミケランジェロも、ロッソも、いずれも人間の屍体を剖検するという、禁を犯す欲望に抗し切れなかったらしい。当時の解剖図のうち最も有名なものは、ティツィアーノの筆になったのではないかと言われている、バーゼルで刊行された外科医アンドレアス・ヴェサリウスの著『人体の構造について』のイラストレーションだった。これが出たのが一五四三年、コペルニクスの太陽中心説の発表と同年である。

科学におけるスコラ的伝統が、宇宙の規模においても、そのミクロコスモスたる人体の規模においても、ここに一挙に粉砕されたわけである。ゆめゆめ山猫コンプレックスを馬鹿にしてはいけない。ちなみに、人体における処女膜、膣括約筋、陰茎海綿体などを正しく記載したのも、ヴェサリウスの解剖図が最初であった。

銀座の画廊で、私は山猫のように目を光らせながら、華麗な花弁のような筋肉をぶらさげた、皮を剝がれた男女の姿態を眺めたが、一歩画廊の外に出れば、悲しいことに、山猫の眼力はたちまち失せるのだった。

ミノタウロス

牛の神話と言えば、まず古代ペルシアで発生して、ローマ帝国で大発展をとげ、もしキリスト教が勝利をおさめなかったら、世界を支配したであろうと言われたほどのミトラ教の儀式を思い出すが、ここでは、ギリシア神話、それもとくにクレタ島の神話に限って話をすすめることにしよう。

ゼウスが白い牡牛の姿となって、美少女エウローペーを誘惑し、その背に彼女を乗せるやいなや、海を泳ぎ渡ってクレタ島に上陸し、ここで彼女と交わったというエピソードは有名だが、そもそもクレタ島のミノス王の神話は、ここから始まるのである。つまり、ミノス王は、このゼウスと交わったエウローペーの息子なのだ。最初から牛と深い縁があったわけである。

ミノスは自分の誕生を記念して、とくに牡牛を崇拝していた。しかし何分にもクレタ島は島なので、ギリシア本土から牛を輸入しなければならない。ミノスは海神ポセイドンに祈って、もし海底から牡牛を送ってくれるならば、これを神に捧げるだろうと約束した。ところが、クレタ島の海辺に現われた牡牛があんまり美しいので、ミノスは殺すのが惜しくなって、約束を破り、べつの牛を犠牲にした。ポセイドンは大いに怒り、この牡牛を兇暴にして、島中を荒しまわらせた。

一方、ミノスの妻のパシパエーは、この美しい牡牛を一目見るや、たちまち激しい罪の欲情にとらわれた。これも一説には、海神ポセイドンの呪いのためだという。パシパエーは牡牛を誘惑しようとしたが、牡牛の方は一向にその気にならない。そこで彼女は、殺人を犯してアテナイから追放され、クレタ島に逃げてきていた天才的な発明家、ダイダロスに助力を頼んだ。ダイダロスは引き受けて、車のついた木製の牝牛を作り、これに本物の牝牛の皮をかぶせ、その中にパシパエーをもぐりこませた。

牡牛はてっきり本物の牝牛だと思って、このエロティック・マシーン、人工の牝牛に猛然と挑みかかり、差し出されたパシパエーの膣に、獣の熱い精液をたっぷり注ぎこんだ。この道ならぬ交わりから生まれたのが牛頭人身の怪物、ミノタウロス（一名アステリオス）である。

妻がとんでもない怪物を生み落したのに困り果て、ミノスはダイダロスに命じて迷宮ラビュリントスを造らせると、そのなかにミノタウロスを閉じこめた。夫の立場としては、妻の不義の子を隠しておきたかったのであろう。そして戦いに負けたアテナイに対して、毎年ミノタウロスの餌食として、少年少女を七人ずつ捧げることを約束させた。その第三回目のとき、不平を言うアテナイの人民を慰めるために、みずから志願して、この少年少女の一行に加わったのが英雄テーセウスである。彼はミノタウロスの恐怖から、アテナイの国を解放しようと決心したのである。

ここで迷宮の語源について、ちょっと説明しておくべきだろう。ラビュリントスなるギリシア語は、もともと「両刃の斧の宮殿」という意味だった。両刃の斧は、牡牛の角の三日月形を二つ合わせた形で、これが迷宮、すなわちクノッソス宮殿のシンボルとして、かつては至るところに飾られていたらしいのである。迷宮と牡牛とは、こうしてみると、切っても切れない関係にあることが分るであろう。なお、両刃の斧は、小アジアの宗教の二元論のシンボルだともいう。

ミノタウロスは、人頭馬身のケンタウロスなどと反対に、頭が牡牛で身体は人間の怪物である。私はローマのテルメ国立美術館で、五世紀の作品のローマ時代の模作で

闘牛の図　クノッソス宮殿の壁画

あるミノタウロスの半身像を見たことがあるが、それは縮れ毛をした牛頭の、何とも奇怪な面貌の怪物であった。

妻の醜い獣姦の結果として誕生した、こんなグロテスクな怪物を、なぜミノス王は生まれ落ちるとすぐ、一思いに殺してしまわなかったのだろうか。その理由として考えられるのは、この王があたかも両刃の斧のように、残酷でしかも気が小さく、策略家でしかも馬鹿正直という、二重の性格を併せもっていたためであろう。そのため、彼は完全に妻の手玉にとられていたのである。

キルケーや姪のメディアと同じく、魔法に通じてもいたパシパエーは、好色なミノスが多くの女と床を共にするのを見ると、彼に魔法をかけ、その男根を蛇に変えてしまうようなことさえした。そこで男根から毒が放射されて、彼と交わった女たちは身体が麻痺してしまうのだった。これでは女を相手にするわけにはいかない。そのためかどうか、ミノスは男色の創始者とも言われている。いずれにせよ、この王の性格には弱いところがあったので、ミノタウロスを一思いに殺すこともできず、地下の暗黒世界に幽閉することで満足しなければならなかったらしいのである。

さて、英雄テーセウスがクレタ島に着き、船から上陸すると、その凜々しい姿を見て、たちまち恋心をいだいたのが王女アリアドネーであった。彼女はミノスとパシパエーの娘であるから、いわばミノタウロスの異父妹である。にもかかわらず兄を裏切って、彼女はテーセウスと結婚の約束をし、その代償として、迷宮の道案内の糸玉を彼にあたえる。

むろん、この糸玉の道案内の方法をアリアドネーに教えたのは、迷宮を造ったダイダロスそのひとにちがいあるまい。ずっとのちに、ミノスに追われてシチリアのカミーコスにやってきた時にも、ダイダロスは蟻に糸を結びつけて、蝸牛の螺旋状の殻のなかに見事に糸を通すことができたのである。

テーセウスは、アリアドネーにもらった糸玉の一端を迷宮の扉に結びつけ、糸を引きながら迷宮の内部に入り、迷宮の奥で怪物を発見するや、これを拳で打ち殺し、ふたたび糸をたぐって外へ出ることができた。首尾よくミノタウロスを退治して、彼はアリアドネーとともに、すんでのことで命拾いした少年少女たちを連れ、夜のあいだにナクソス島へ遁走する。

ミノタウロスと迷宮に関する神話は、ざっと以上のごとくである。この興味津々たる神話は、いろいろに解釈することが可能なので、昔から多くの作家によって何度となく採りあげられている。「迷宮のイメージはミノタウロスのイメージにぴったりだ。怪物的な家の中心に怪物的な住人がいるというのも申し分ない」と述べているボルヘスも、現代の最も熱心な迷宮愛好者のひとりであろう。

しかし考古学者の意見によれば、この神話は、初期ミノア文明時代以来クレタ島にしっかりと根づいた、牡牛崇拝をあらわしているという。メッサラ地方の穹窿墓《トロス》から出土した、牡牛の形をした灌奠用の壺は、すでにこの時代から、クレタ島に闘牛の行われていたことを証明しているのである。闘牛と言っても、近代のスペインの闘牛などとは違って、犠牲として神に捧げる牡牛を取りおさえる、多分に儀式的な性格のものだったらしい。牡牛は神そのものではなく、むしろ荒々しい活力と多産のシンボルなので、これを制圧する神聖な力が喜ばれたのである。

そう言えば、世界各地で牡牛くらい、犠牲獣として利用される動物も少ないであろう。それはディオニュソスの祭儀とも結びついたし、キュベレー崇拝とも結びついた。

ローマの政府によって最初に公認（前二〇四年）され、帝政期にいたってさらに一般化した東方起原の密儀宗教の一つ、キュベレー崇拝は、男根切除という、自己懲罰のマゾヒスティックな儀式を伴う宗教であるが、とくに初心者のための入社式には、タウロボリウム（牡牛犠牲）と呼ばれる血の洗礼が行われた。

新加入者は、黄金の冠をいただき、髪紐を巻いて、暗い坑のなかに降りてゆく。坑の上には格子の蓋があり、その格子の上で、花環に飾られた一匹の牡牛が殺される。牡牛の温かい血は滝のように格子の穴から流れ落ち、坑のなかの人間は、その全身にいっぱい血を浴びることになる。こうして、ライオンとともに最も精力的と考えられた動物の血を浴びることによって、彼は永遠の生命を獲得し、新たに生まれ変るわけである。

ミノタウロスのテーマは、現代の画家アンドレ・マッソンが好んで採りあげているということを、最後に書き添えておこう。

ゴルゴン

ヘシオドスの『神統譜』によると、ゴルゴンはそれぞれステンノー、エウリュアレー、メドゥーサと呼ばれる三人姉妹の怪物である。そのうち有名なのはメドゥーサで、彼女だけが不死ではなかった。どんな恐ろしい姿をした怪物かというと、ゴルゴンはいずれも醜怪な顔で、その頭髪はことごとく動く蛇、歯は猪の牙のように鋭く、手は青銅、そして大きな黄金の翼で空を飛翔することができた。また、その眼は宝石のように爛々と輝いていて、この眼に睨まれたら最期、誰でもたちまち石に化してしまうのだった。

ゴルゴンはどこに棲んでいたかというと、ヘスペリスの園の彼方、死者の国に近い西の果ての海である。なにしろ彼女たちに睨まれると、人間ばかりか神々までも石になってしまうので、誰も恐れて彼女たちには近づかない。ところが、たったひとり、メドゥーサに近づいた物好きな男があった。海神ポセイドンである。二目と見られぬ醜い女怪に言い寄るとは、よくよく好色な神である。

いったい、ポセイドンはどんな風にしてメドゥーサに近づいたのか、どんな体位で彼女と交わったのか、どうして石にならずに済んだのか、——神話では、そんなところはまったく不明であるが、とにかくこうして妊娠したメドゥーサは、有翼の天馬ペガソスと、黄金の剣をもったクリュサオルを生み落すことになるのである。しかも、それがたまたまペルセウスによって、首を斬られた瞬間だった。斬られたメドゥーサの首から、天馬とクリュサオルの兄弟が飛び出したのである。たぶんメドゥーサは臨月だったのだろう。

セリポス島の王の注文で、ゴルゴンの首をとりにきたペルセウスは、洞窟のなかで眠っている女怪に近づくと、目をそむけつつ、鏡のようにぴかぴかに磨いた青銅の楯に、ゴルゴンの姿を映して見ながら、うまくメドゥーサの首を斬り落し、これを袋のなかに入れて逃げた。ちょうど首から天馬が生まれたので、これに乗って空中に逃げたのである。姉妹のゴルゴンたちが彼のあとを追ってきたが、駿足のペガソスにはと

ゴルゴンの浮彫り　ケルキューラ島のアルテミス神殿

ても追いつけるものではなかった。

　ペルセウスが鏡の原理を応用し、自分で直接に女怪の姿を見ることなく、ぴかぴかの楯に女怪の姿を映して、間接的にこれを見ながら女怪の首を斬ったというエピソードは、ギリシア神話のハイライトとして、私たちにもよく知られているが、一説によると、ペルセウスはメドゥーサの目の前に鏡を突きつけて、その恐ろしい視線を撥ね返らせたのだともいう。つまり、メドゥーサは自分の視線に射すくめられて死んだのである。――この方が、話としてはおもしろいであろう。

　しかしふしぎなのは、斬り落され

て首だけになっても、メドゥーサの恐るべき眼光が、その効力を一向に失わなかったという点であろう。袋のなかに彼女の首をもっているペルセウスは、だから、いまや無敵の武器を手に入れたわけだった。彼はこの武器で、巨人アトラスを山脈に変えたり、王女アンドロメダを襲う海の怪獣を退治したり、そのほかにも、目の前に現われる自分の敵を片っぱしから石に変えてしまったりするのである。

オウィディウスの『変身譜』巻四には、珊瑚という植物（古代人はこれを動物とは思わなかった）の生じた由来が語られている。すなわち、海の怪獣を殺してアンドロメダを救ってから、ペルセウスはメドゥーサの首を砂浜の上に置いたのだった。首が砂で傷ついてはいけないので、砂浜の上に海藻を敷き、その上に首をそっと置いたのである。

「ところが」とオウィディウスが語っている、「いま海から採ったばかりの、まだ髄に水分をたくさん含んでいる海藻の茎が、メドゥーサの首にふれると、たちまちその魔力を受けて、枝も葉も石のように硬くなってしまった。海のニムフたちは、このふしぎな魔力をためすために、次々に海の植物を採ってきた。おもしろいことに、何度やっても同じ結果であった。ニムフたちは、これらの海藻の種子を海のなかへ投げこんだ。それで今日でも、珊瑚はこの同じ性質を保持していて、空気にふれると硬くなり、水の中では柔らかな枝であったものも、水から取り出すと石になってしまうのである」と。

だから珊瑚は別名、ゴルゴニア（ゴルゴンの石）とも言われたらしい。プリニウスの『博物誌』第三十二巻には、珊瑚の採取法として、「珊瑚は生きているうちに水から出すと石になるから、網ですくうかナイフで切るかして、すばやく水から出さなければならない」と書いてある。この信仰は、古代から中世まで、ずっと生きのびていたようである。

ペルセウスはゴルゴンの首をさんざん利用したあと、最後にこれをアテナ女神に献上した。それ以後、アテナは自分の楯のまんなかに、紋章のようにゴルゴンの首をはめこんで着けることにした。ギリシアの壺絵などを見ると、このゴルゴネイオン（ゴルゴンの首）を楯のまんなかに飾った、アテナ女神の描かれているものを発見することができる。

ゴルゴネイオンは、また一種の魔除けの装飾品として、石や陶器や金属で製作され、建築物の壁などに取りつけられた。イタリアの古代美術館などへ行くと、しかめ面をして舌を出した、奇妙な表情の丸いゴルゴネイオンの大理石の浮彫りが、たくさん並んでいるのに気がつくことがある。よく見ると、髪の毛はちゃんと蛇になっている。

もしかしたら、古代人は実際に、こういう仮面をかぶったのではないかと想像される。

ロジェ・カイヨワの意見によると、見る者を石に化せしめるというゴルゴンの首の神話は、要するに仮面をあらわしているのだという。ゴルゴンを退治するペルセウスの物語は、古代人が成人になったり、あるいは秘密結社に加入したりするための通過儀礼の物語であって、若者は試練を受けて、最後に仮面を獲得することによって、結社に加入する資格を認められるのだという。なるほど、この意見は私には、きわめて説得力があるように思われる。つまり、ゴルゴンの神話からゴルゴネイオンが派生したのではなくて、ゴルゴネイオンからゴルゴンの神話が派生したのだ、というわけであろう。神話学者のハリソンも、ほぼ同じ意見であったと思う。

メドゥーサは元来、古い大地女神であったと言われているから、この大地女神に仕える女祭司が、仮面を一手に握っていたのかもしれない。民俗学者の説によると、仮面の儀礼は、とりわけ古代母権制社会のものであり、ごく初めのうち、仮面は女祭司のみの専有であって、それが男たちの手に渡ったのは、ずっとのちの時代のことだと言われているからである。犠牲として殺した獣の首を仮面とするのも、密儀においてはごく一般的なことであった。

あまり知られていない三世紀ギリシアの作家、ミュンドスのアレクサンドロスは、ゴルゴンに関して奇妙な意見を述べている。それによると、リビアの流浪民がゴルゴンと呼んでいるのは、じつはペルセウスが殺したような怪物ではなく、ギリシア人がカトブレパスと呼んでいる、野生の鹿もしくは牛に似た獣だという。

プリニウスが語っている怪獣カトブレパスについては、かつて「犀」の項で説明したことがあるから、ここでは繰り返さない。要するに頭が重いので、いつもごろごろしている怠惰な獣なのであるが、ひとたび頭をあげて、相手をぐっと睨むと、たちどころに相手を死にいたらしめるという、恐ろしい威力を発揮するのだ。アレクサンドロスの記述によれば、ユグルタ戦争の際、ローマの将軍マリウスのひきいる部下たちが、アフリカでこの獣にぶつかったという。むろん、兵士たちはほとんど死んでしまった。

同じように、視線の力に致死作用があると言われている獣には、頭に王冠の形のある怪蛇バジリスクスがある。ルーカーヌスの意見では、リビアに棲むすべての蛇が、殺されたメドゥーサの血から生じたというから、このバジリスクスも、ゴルゴンの親類のようなものかもしれない。ゴルゴンの場合と同じように、バジリスクスに立ち向うにも、鏡を用いればよい。滑稽なことに、この蛇は、たとえば沼の水鏡に映った自分の姿を眺めても、たちまち死んでしまうのである。

フェニクス

古代から中世まで、フェニクス（ギリシア語ではポイニクス）について語った作家はきわめて多い。私でさえ、まず最初に誰を登場させようかと迷うくらいである。ここでは、三世紀のローマの博物学者ソリヌスを先発させることにしよう。すなわち彼によれば、「アラビア人の国で、鷲の大きさをした一羽の鳥が生まれる。この鳥の頭に生えている羽毛は、円錐形の塔の形をなしており、頸のまわりには、金色の冠毛がある。身体の後半部は真紅色を呈するが、尾の部分だけは、薔薇色と青色の微妙に混じり合った、すばらしく豪華な色調である」と。

世に名高いフェニクスとは、一応、こんな形状と色彩をした鳥だと思えばよろしいかろう。古代人は、この美しい鳥にたくさんの伝説を結びつけて、いやが上にも詩的に飾り立てた。今日でも、フェニクスは不死鳥と呼ばれて、私たちの日常言語における比喩として、ごく普通に使われているくらいである。たとえば、スポーツ選手がいったん落ち目になってから、ふたたび力を盛り返したりすると、「不死鳥のようによみがえった」などと言うわけである。この不死鳥の再生の伝説については、初期キリスト教の神学者である聖クレメンスの言葉を引用しておこう。

「フェニクスは死が近づくと、みずから自分の屍体の保存処置に取りかかる。すなわち、香料や没薬や安息香を集めて棺をつくり、そのなかに閉じこもって死ぬのである。この屍体から一匹の幼虫が生まれるが、この幼虫はしばらく父親の屍体とともに暮らしてから、やがて羽毛を生じて飛び立つ。そして父の墓をヘリオポリスの神殿の、太陽の祭壇の上に運んでゆくのである。」

見られる通り、ここには、フェニクスがみずからを火で燃して、その灰のなかからよみがえるという、後世の伝説は語られていない。ヘロドトスもプリニウスもオウィディウスも、火については少しも述べていないのである。プリニウスの『博物誌』でも、むしろ虫が生じるということが強調されている。ボルヘスは『幻想動物学提要』のなかで、「四世紀末のクラウディアヌスの詩には、すでに一種の不滅の鳥、つまり、その灰のなかから生き返る鳥、いつまでも死なず、つねに新たに生まれ変る鳥が登場している」と書いているが、私が見聞した範囲では、クラウディアヌスよりもずっと早く、一世紀ローマの地理学者ポムポニウス・メラが、名高い『地誌』の第三巻第八章に、みずからを焼くフェニクスについて述べている。おそらく、フェニクスと火との関係について述べたのは、この作者が最初ではあるまいか。

「フェニクスはつねに孤独である。父も母もいないからである」とポムポニウス・メラは述べている。「五百年間生きると、フェニクスはみずから香料を積み上げて薪の山をつくり、その上に横たわって焚死する。やがて分解した身体の液状の部分が凝固すると、ふたたびそこから自然にフェニクスが生まれ出る。そして元気になると、フェニクスは没薬で覆われた自分の古い骨を、太陽の都と呼ばれるエジプトの一都市へ運んでゆき、神殿の聖域にこれを安置して、記念すべき埋葬式を行うのである」と。

メラは不死鳥の生存期間を五百年としているが、これにもいろんな説があることをつけ加えておこう。フェニクスについて語った最初の著述家は紀元前五世紀のヘロドトスであるが、彼によれば、フェニクスは「めったに姿を現わさぬ鳥で、ヘリオポリスの住民の話では、五百年ごとにエジプトに現われる」という。五百年周期説というのがいちばん多く、前に引用したメラもそのひとりである。そうかと思うと、スイダスは六五四年、プリニウスとソリヌスは五四〇年、タキトゥスは一四六一年という周期説を採用している。

タキトゥスのごときは、この鳥の出現した時期を、パウルス・ファビウスとルキウス・ウィテリウスの執政官時代と明示しているほどである。その出現は学者たちのあいだに、いつ果てるともなき論議の種を提供したという。またソリヌスによれば、ローマ建国から八百年後に、エジプトで一羽のフェニクスが捕獲されたそうである。鳥はローマに運ばれ、クラウディウス帝の命により民衆の前に展示

錬金術の象徴としてのフェニクス

された。この事実は、国家の記録保管所にある報告書によって確認されている、とソリヌスは言い添えている。

フェニクス出現の周期が莫大な時間であることについて、ボルヘスは次のように解説を加えている。すなわち、「古代人の信じるところでは、こうした厖大な天文学的周期が終ると、宇宙の歴史は星々の影響を受けて、細部にいたるまでそっくりそのまま、ふたたび同じことを繰り返す。だからフェニクスはいわば宇宙の鏡、あるいは宇宙のイメージともなるのである。このアナロジーをさらに発展させて、ストア学派の哲学者は、宇宙が火のなかで滅びて再生するということ、そして、その過程には終りもなければ初めもないということを主張した」と。

後代にいたってギリシア人やローマ人が念入りに仕上げたわけであるが、周期的によみがえる不死鳥の神話が、まず最初、エジプトで発生したのはほぼ確実であろうと考えられている。ピラミッドやミイラをつくり、永遠と不死を求めたエジプト人が、不死鳥の神話を創始したのは論理的に納得し得るからだ。エジプトのヘリオポリスの神話では、フェニクスにあたる鳥はベンヌと呼ばれる青鷺の一種であり、ラー（太陽）の魂として尊崇されている。燃えつきて、日ごとに新しく生まれ変る太陽のシンボルだったわけである。

しかしながら、火で焼け死ぬフェニクスの神話をエジプトの太陽崇拝と結びつけるのは、いささか強引ではないかという学者の意見もある。ヘリオポリスの聖鳥であるベンヌは、古代王朝の美術に現われた限りでは、火とは何ら関係がないからだ。火に燃えるベンヌの絵のいちばん古い例は、カイロ美術館にある紀元一三七年のものにすぎない。だから、これはいろんな地方の神話の混じり合った、いわゆるシンクレティズム（諸神混淆）時代の比較的新しい伝説ではないか、というのだ。たぶん、その通りであろう。

ところで、古代人の空想したフェニクスとは、現実のどんな鳥から空想されたのだろうか。動物学者のキュヴィエは、プリニウスの記述から推しはかって、アジア産の錦鶏鳥がフェニクスの原型であろうと考えた。エジプト神話のベンヌは青鷺だけれども、古代作家の記述には、渉禽類の特徴を示すようなところが一つもないのである。マンデヴィルの『東方旅行記』には、「頭には孔雀のような鶏冠《とさか》をいただいているが、孔雀のそれよりはるかに大きい」とある。ポイニクスはギリシア語で赤を意味するから、紅鶴ではないかという意見を出す学者もある。

一方、中国の伝説的な霊鳥である鳳凰との関係を考える学者もある。たしかに、世界の東と西で、似たような神秘的な性質を有する霊鳥が空想されたという事実は、私たちの興味をひく。しかし、もとより直接的な影響関係は何もない。鳳凰は梧桐《あおぎり》の樹に棲み、竹の実を常食とするというが、オウィディウスによれば、フェニクスも「決して果実や草を食べないで、もっぱら乳香と茗荷の汁のみを食う」というから面白い。ちなみに、茗荷の汁はローマ人が屍体の防腐のためや、女のヘヤ・ローションとして用いたものだった。

初期キリスト教の護教家たちが、ラクタンティウスやテルトゥリアヌスを初めとして、こぞってフェニクスの象徴を用いるようになったのも、考えてみれば当然のことであったろう。肉の復活の証拠として、こんなあつらえ向きのシンボルはないからだ。中世の動物誌作者も、さかんにこれを利用した。また錬金術においても、フェニクスは「賢者の石」の象徴として、しばしば絵画的に表現された。

おそらく古代においても、不死鳥の実在を信じていた者は、きわめて少数の人間にすぎなかったのではないかと私は考える。最初の記述者ヘロドトスでさえ半信半疑であったし、プリニウスも、架空の動物であろうと言っているのだ。シンボルとしての機能さえ果せば、その実在はどうでもよかったのかもしれない。

バジリスクス

バジリスクスについて語るには、まずプリニウス（『博物誌』第八巻三十三章）のくわしい記述を引用しておくのが便利である。

「バジリスクスはキュレナイカ（アフリカ北部、リビア王国の東半）に産する蛇であり、その長さは十二指を越えない。頭に王冠の形をした白い斑紋があり、その鳴き声はあらゆる蛇を逃走させる。他の爬虫類のように身体をうねらせて進むのではなく、身体の前半分を直立させて進む。接触すればもちろん、その吐く息がかかっただけでも、あらゆる灌木が死にたえ、草が燃えあがり、石が砕けてしまう。それほど毒の力が強いのだ。かつて馬に乗った男が槍でバジリスクスを刺し殺すと、その毒が槍の柄を伝って上ってきて、男ばかりか馬までが死んでしまったという。ところが、こんな怪物でも、鼬《いたち》の毒にだけはかなわない。自然はどんなものにでも必ず敵をつくったからである。ひとはバジリスクスの穴に鼬をほうりこむ。周囲の土が焼けただれているので、穴はすぐ見つかる。鼬はその匂いでバジリスクスを殺し、自分も同時に死んでしまう。かくて、この自然対自然の闘いは終るのである。」

バジリスクスとは、ギリシア語で「小さな王」という意味であり、この名前の由来は、おそらくバジリスクスの頭にある、王冠の形をした白い斑紋であろう。そのために、蛇の仲間の王とも考えられた。

プリニウスの記述には、身体の前半分を直立させて進むとあるが、これは私たちに、インドやエジプトに産する猛毒蛇、眼鏡蛇あるいはコブラの習性を思わせる。コブラの平らにひろげた首の部分をフードというが、このフードの背面には、ちょっと王冠の形に似たところがなくもない、眼鏡のような斑紋が現われるのだ。もしかしたら、こんなところにバジリスクスの伝説の発生する原因があったのかもしれない。

なお、プリニウスの記述にあるバジリスクスと鼬の死の闘争は、これも私たちによく知られた、コブラとマングースの格闘を思い出させはしないだろうか。

時代とともに、バジリスクスは徐々に醜悪な生きもの、奇怪な生きものに変化して

王冠をかぶった八本脚のバジリスクス

いった。古代においては、恐ろしい毒蛇であるとはいえ、まだ王冠をかぶった蛇の王としての威厳を保っていたのに、中世になると、二本脚をした鳥と爬虫類の合の子になってしまう。頭には雄鶏の鶏冠《とさか》と角があり、身体には黄色い羽毛と、棘のある大きな翼があり、蛇のような一本の尾は、その先端が鉤になっていたり、あるいはもう一つの雄鶏の頭になっていたりする。

十六世紀の博物学者ウリッセ・アルドロヴァンディの『蛇およびドラゴンの博物誌』（一六四八年）の挿絵では、バジリスクスは羽毛ではなく鱗をもっており、頭に王冠をかぶり、おまけに脚が八本もある。何とも奇々怪々な動物と言わねばならぬ。

さらに、バジリスクスの発生についても、おもしろい伝説が語られている。イビスという朱鷺に似た水鳥は、ナイル河の岸に棲む蛇を好んで食うので、エジプト人に大事にされていた鳥であるが、このイビスの呑みこんだ蛇の毒によって、鳥の体内で育った卵から、バジリスクスが産まれると考えられたのだ。だからナイル河の農民は、恐ろしいバジリスクスの発生を防ぐために、イビスの卵を破壊したともいう。蛇を食う益鳥の卵をこわすのだから、考えてみれば妙な論理である。

のちになると、イビスの卵ではなくて、雄鶏の産んだ出来そこないの卵が、蛇あるいは蟾蜍《ひきがえる》に暖められて孵ったのが、バジリスクスであろうと考えられた。そこで、バジリスクスは別名コッカトリス、コッカドリール、あるいはバジリコックなどと呼ばれるようになった。申すまでもなく、コックは雄鶏の意である。雄鶏が卵を産むというのも妙な話であり、このあたりに、なにか悪魔的な感じを敏感に嗅ぎつける者もあろう。

このバジリスクスの発生については、中世の動物誌作者ピエール・ル・ピカールが、その過程をくわしく説明しているので、次にこれを引用してみよう。

「バジリコックと呼ばれる動物があり、『フィシオログス』は、それが雄鶏の卵からいかにして産まれるかを語っている。雄鶏が七年を過ごすと、その腹のなかに一個の卵が生ずる。卵の存在を感じると、雄鶏は驚き、非常な不安に襲われる。寝藁の上に隠れ場所を求め、足で地面をひっかいて、卵を産むための穴を掘る。蟾蜍は嗅覚によって、雄鶏が腹のなかに抱えている毒に気がつくと、雄鶏が卵を産むのを今か今かと窺っている。雄鶏が穴を離れると、蟾蜍はすぐ、卵が産まれたかどうかを見に行く。そして産まれていれば、卵を盗んで暖める。やがて孵化して、そこから一匹の動物が出てくるが、それは雄鶏の頭と首と胸、そして下半身は蛇のような動物である。この動物は歩けるようになると、たちまち地面の割れ目とか、古い用水溜とかに隠れてしまうので、誰にもその姿が見られなくなる。」

「というのは、もし動物が人間を見るよりも早く、人間が動物を見た場合、動物はたちまち死んでしまう。もし人間よりも早く動物が見た場合には、逆に人間が死んでしまう。そんな性質の動物なのである。というのは、この動物は眼から毒を放っているのだ。」

「この動物を殺そうと思ったら、水晶かガラスの透明な壺を用意し、ガラス越しに動物を見るようにするがよい。ガラスのうしろに隠れていれば、人間の姿に動物は気がつかない。動物の視線から放たれる毒は、ガラスにぶつかって撥ね返り、かえって動物を殺すことになるのだ。」

このバジリスクスの殺人的な視線の伝説は、私たちにゴルゴンとペルセウスの神話を思い出させるだろう。事実、それとよく似た伝説があるのであって、アレクサンドロス大王はインド遠征中、この危険な蛇に出遭い、これを殺すために、兵士たちの楯の中央に鏡をはめこみ、鏡の反射によって、殺人的な蛇の視線を撥ね返したという。

中世の動物誌作者にとっては、バジリスクスとは要するに、悪魔的な動物だったらしいのである。それかあらぬか、ロマネスクやゴシックの寺院の石造彫刻には、悪魔や罪を意味するバジリスクスのイメージが頻々と現われる。ランスの寺院の柱頭も有名だが、それよりおもしろいのはヴェズレーの寺院の柱頭の彫刻であろう。そこでは、巨大な蝗《いなご》に乗った騎士とバジリスクスとが闘っており、騎士は動物誌の記述そのままに、自分の顔の前にガラスの壺を支えているのである。むろん、怪獣の危険な視線を避けるためであろう。

十七世紀イギリスのトマス・ブラウンは、その著『伝染性謬見』の第三巻七章で、バジリスクスの伝説を採りあげ、とくに雄鶏の卵からバジリスクスが発生するなどということは信じられない、と書いている。レダと白鳥の卵の神話まで引っぱり出して、縦横に論じているところが大そうおもしろいが、凝った難解な英語なので、ちょっと簡単には翻訳いたしかねる。

それよりも、ボルヘスが『幻想動物学提要』のなかに引用している、十七世紀スペインの詩人ケベードが歌った、バジリスクスの恐ろしい視線に関する詩を掲げておこう。

もしもお前を見た者が生きていれば
お前に関する話はすべて嘘っぱちだ。
死なねばお前を見られないはずだからだ。
そして死ねば話をするわけにはいくまい。

たぶん、ケベードは、ガラスや鏡を利用して、バジリスクスの視線を撥ね返す方法が、昔からちゃんと知られていたということを、ご存じなかったのであろう。

言い忘れたので、最後に書いておくことにするが、アイリアノスの意見では、バジリスクスは雄鶏に対する反感をもっていて、雄鶏に近づくのを注意ぶかく避けるという。なぜなら、雄鶏の鳴き声を聞くと、たちまち死んでしまうからだ。雄鶏の卵から産まれたというのに、雄鶏の鳴き声をこわがるとは、これまた、ずいぶん奇妙な話である。

ケンタウロス

下半身が馬で、腰から上が人間の姿をしている怪獣ケンタウロスについては、読者もよくご存じであろう。しかしギリシア語では、ケンタウロスの意味は「牛殺し」で、馬とは何の関係もない。じつは、ギリシア中北部のテッサリア地方の山の民が、よく馬に乗って牛を追いかけていたので、その姿を見たひとがこれをケンタウロスと呼んだのである。

ギリシア人には騎馬の習慣がなかったので、彼らは初めて見た騎馬姿の人間を、あたかも馬と一体の怪物であるかのように想像したのだ、という説もあるが、この説はどうやら疑わしい。昔から馬と馴染んできた民族が、馬に乗ることを知らなかったはずはないからだ。少なくともギリシア人は、フランシスコ・ピサロの騎兵隊に恐れおののき、彼らを人馬一体の魔物だと信じて逃げまどった、あの南米のインディアンたちとは違っていたはずなのである。

しかしいずれにしても、テッサリアの山岳地帯から、奇怪な人馬一体のケンタウロスのイメージが生まれ出たことには変りはあるまい。神話では、テッサリアの支配者イクシオンがヘラに横恋慕したとき、怒ったゼウスが雲を女神の姿に似せて彼にあたえたところ、この雲とイクシオンとの交わり（一種のオナニズムであろう）から、ケンタウロスが生まれたという。あるいはまた、このケンタウロスがペリオン山の近くで、牝馬と交わって生んだともいう。ギリシア神話では、獣姦やオナニズムは少しも珍しいことではない。

ケンタウロスの一族をケンタウロイ（つまりギリシア語の複数だ）と呼ぶ。野蛮で乱暴なケンタウロイは、棍棒や弓を手にして、しばしば群をなして山から平地へ降りてきては、女たちを犯したという。また、その背中に女をのせて、山へさらって行った。その性質は、はなはだ好色かつ淫逸だった。

プリニウス（『博物誌』第七巻三章）はクラウディウス帝の時代に、蜂蜜で防腐処置をほどこされ、エジプトからローマへ運んでこられた、一匹のケンタウロスの剝製を見たと語っているが、同時代に生きていた唯物論者のルクレティウスは、もはやケンタウロスの存在を信じてはいない。『物の本性について』の第五巻で、彼は次のように述べている、「違う種類の手足からできた二つの身体と、二つの性質とを併せ持ち、その二つの能力が互いに調和しているようなものは、いかなる時代にも、かつて存在し得なかった」と。

さらにルクレティウスはおもしろいことを言っている。すなわち、馬は人間よりも早く成熟するから、ケンタウロスは、下半身の馬の部分だけが大人になっても、上半身の人間の部分は、まだ片言しか言えない赤んぼであろう、と。なるほど、そう言われてみればそうかもしれない。

ケンタウロイは山のなかで粗食に甘んじていたので、酒というものを知らなかったらしい。それが原因で、あの有名な伝説「ケンタウロイとラピタイ（ラピテース族）の闘い」が起ったのである。ラピタイの結婚式の最中、招かれたケンタウロイのひとりが、慣れない酒に酔っぱらって、見境いもなく花嫁を犯そうとした。そこで両族入り乱れての戦闘となった。この場景は、パルテノン神殿の楣間《メトペー》やアポロン神殿の小壁《フリーズ》に彫られており、ルーベンスも同じ主題を絵にしている。

ラピテース族とは、やはりテッサリアの山岳地帯に棲む人間の種族である。ケンタウロスの父であるイクシオンも、ほかならぬラピテース族の出身なので、この両族はいわば血縁関係にあったとも言えるだろう。戦闘の結果、ケンタウロスたちはラピテース族に敗れて、テッサリアを追われた。そして最後に、ヘラクレスによって全滅せしめられるという悲運を見た。

ケンタウロス

野蛮と好色がケンタウロスの特徴のようであるが、この一族のなかに、賢者と呼ばれるにふさわしい立派な人物もいないわけではない。ケイロンがそれである。彼は、クロノスと水神オケアノスの娘ピリュラの子だったが、クロノスが妻の目をごまかすために、馬の姿になって娘と交わったため、ケンタウロスとして誕生したのだった。ペリオン山の洞窟で育てられ、ディアナ女神とともに森で狩をして暮らしていたが、長ずるに及び、植物学と天文学に熱中しはじめ、薬草に関する権威となった。

ギリシア語で矢車菊をケンタウリエというが、これはケイロンの発見にちなんだ命名である。中世の魔法書によれば、矢車菊の汁をフップ鳥の血と混ぜて、ランプの油のなかに垂らすと、幻覚が生じるという。

植物学や天文学ばかりでなく、ケイロンは音楽、医術、狩猟、運動競技にもすぐれていたので、彼にあずけられて、教育を授けられた者は少なくない。ヘルクラネウムの壁画には、若いアキレウスがケイロンから七絃琴を習っている図がある。医術の神アスクレピオスも、ケイロンから医術を授かった。パゾリーニの映画『王女メディア』のなかに、少年イアソンがケンタウロスに教育を受ける場面があったのを、おぼえておられる読者もあろう。

ボルヘスの意見によると、ケンタウロスは、幻想動物学のなかで最も調和のとれた動物であり、プラトンのイデアの世界にケンタウロスの原型が存在するのではないか、と思われるほどのものだというが、この意見は、あまりにも西欧的な考え方のように私には思われる。少なくとも日本の伝承では、ケンタウロスに相当する怪獣は、ちょっと考えられないからだ。古いインド神話のガンダルヴァが、わずかに西欧とのあいだの連繋を示していよう。

最も普通のケンタウロスは、馬の首に人間の上半身の接したもの、つまり、頭から腰までが人間で、下半身が四脚の馬の身体をした動物であるが、その変種のようなものも見つかる。おそらく古い形であろうが、馬の胴体に人間の上半身の接したもの、つまり前脚がなく、後脚の二本だけで立っている、きわめて不安定な恰好をしたケンタウロスもある。いったい、どうやって平均をとるのだろうかと心配になってくる。

必ずしも半人半馬ではなく、オノケンタウロスは半人半驢馬、レオントケンタウロスは半人半獅子、ドラコケンタウロスは半人半龍、イクテュオケンタウロスは半人半魚であるから、要するにケンタウロスとは、二つの部分から成る動物、合の子の別名であると解釈してよいかもしれない。とくに半人半馬と限定するために、ヒッポケンタウロスと称することさえある。

中世の神学者は、この血の気の多い淫蕩な、本能をおさえることのできない畸形の動物を、もっぱら悪魔の仲間に分類した。ジョットの描いたアッシジの壁画では、ケンタウロスは、聖フランチェスコによって打ち負かされねばならない情欲の象徴である。パリ国立図書館にある十四世紀の道徳文学『フォーヴェル物語』の手写本挿絵では、罪に汚れたアダムとイヴが、それぞれ二本脚の、男女のケンタウロスに化身してしまっている。一方、ダンテ（『地獄篇』第十二歌）はケイロンをもふくめて、あらゆるケンタウロスの一族をことごとく地獄に追い落してしまった。

ケンタウロスの手にしている弓と矢は、これを精神分析学的に眺めるならば、たぶん男性の射精のシンボルであろう。ケイロンのような有徳のケンタウロスをのぞけば、彼らは一般に、おさえがたい本能の力を持ち扱っているのだ。その如何ともしがたい自分の動物性を恥じているのかどうか、彼らの顔はいつも愁いをおびて悲しげである。

もっとも、なかには女のケンタウロス、牝のケンタウロスもあった。十六世紀のフランドル派の版画に、豊満な姿態を横たえた牝のケンタウロスが、胸の乳房と腹の乳房から、二匹の子供に乳を飲ませている図がある。人間であると同時に獣でもあるという点が、こんなところにも示されていておもしろい。

もし彼らの肉体構造がこんな具合だとすると、ケンタウロスの男女のセックスは、いったい、どうなっているのだろうかという疑問も湧いてくる。上半身（人間の肉体）と下半身（獣の肉体）に二つセックスがあって、人間を相手にする時は上半身で、仲間を相手にする時は下半身で行うのかもしれない。

キマイラ

キマイラは獅子の頭、牝山羊の身体、ドラゴンの尾をもった古代ギリシアの怪獣である。つねに噴火している火山のそびえ立った、リュキア地方（小アジアの南西部）の山岳地帯に棲むと言われている。この火山の一木一草とてない頂上には獅子が棲み、植物の繁茂した山腹の草原には牝山羊が棲んでいた。古代作家の筆による、この火山の動物相《ファウナ》の記述から、キマイラとは要するに山そのものを表わしているのではないか、とひとびとは考えた。

つまり、頂上のライオンが頭部であり、山腹の牝山羊が身体であり、火を吹く火口のドラゴンが尾であるような、一匹の怪獣を想像すればよいわけである。ホメロスの

『イリアス』第六巻には、「燃えさかる火の恐ろしい勢いを口から吐き出していた」と書いてあるし、プルタルコスは、「山は太陽の光線を反射させていた」と述べている。おそらく、火山の熱と毒気で草木の死に絶えた、一種の禿げ山だったのではあるまいか。

一方、プリニウスは『博物誌』第二巻百十章に、「ファセリス（リュキア地方の町）で燃えているキマイラ山は、その焔を昼も夜も絶やさない。クニドスのクテシアスの報告するところによれば、その火は水をかけると燃えあがり、土あるいは泥をかけると消える」と述べている。ここでは、キマイラは完全に山の名前になっている。プリニウスの文中にある、水をかけても消えずに燃えあがる火というのは、たぶん土地が石油を含有しているためではあるまいか。

それにしても、火山のイメージからキマイラという怪獣がみちびき出されたのか、それとも怪獣のイメージが後になって火山に転用されたのか、この因果関係を解明するのはむずかしい。ボルヘスなどの意見では、怪獣が「ひとびとを退屈させはじめた」ので、火山などといった「馬鹿げた推測」が行われるようになったのだという。怪獣が先だというわけである。あるいはそうかもしれない。

では怪獣の素姓について述べよう。ヘシオドスの『神統譜』によれば、キマイラは

キマイラ

テュポンとエキドナの子である。いわば怪物一家の一員のようなもので、エキドナはキマイラのほかにも、テュポンとのあいだに地獄の番犬ケルベロス、レルネー湖の水蛇ヒュドラなどを生み、オルトロスとのあいだにスフィンクスを生んだ。恐るべき怪物たちの母だったわけだ。

ヘシオドスはまた、キマイラには三つの首が生えていて、その一つは獅子、一つは牝山羊、もう一つはドラゴンあるいは蛇だと言っている。前に紹介したホメロスの、獅子の頭、牝山羊の身体、ドラゴンの尾とは、ずいぶん様子が違うようである。フィレンツェ国立考古博物館にある、アレッツォで発見された紀元前五世紀後半の青銅彫刻は、エトルリア文化の傑作として名高いものであるが、このキマイラはヘシオドスの記述の通り、背中の中央から牝山羊の頭がにゅっと突き出ており、頭は獅子で、尾の先端もまた蛇の頭となっている。

リュキア地方を荒らしたキマイラは、国王の命によって、若い勇士ベレロポンに殺された。ベレロポンは翼のある馬ペガソスに乗って、空からキマイラの口に槍を刺しこんだ。神話によると、槍の先端には鉛の塊りがついていたので、それがキマイラの口中の焔の熱に溶け、怪獣の息の根をとめたという。このベレロポン対キマイラの闘争の図は、後世の多くの絵画や彫刻の主題となっている。

ただし、この神話を解釈するのは容易ではない。ロバート・グレーヴスは『白い女神』のなかで、ヘリコン山における「白い女神」の聖地の、アカイア人による奪取の寓意をここに読みとっているが、これが果して当を得たものであるかどうか。学者によっては、これをイニシエーションの象徴と見なすひともあるようだ。

キマイラはもともとギリシア語で牝山羊の意味であるが、これが転じて混成の怪獣の意味になり、さらに時代とともに、幻影とか妄想とかいった意味に進化していった過程も、きわめて曖昧だと言わなければならぬ。要するに、現実には存在し得ない怪獣であるから、無益な空想の同義語になったのだ、と考えるよりほかないだろう。たしかにボルヘスも言っているように、ドラゴンのような空想動物が普遍的で必然的な怪獣だとすれば、キマイラはあたかも日本の鵺《ぬえ》のように、気まぐれな合成による「はかない偶然的な怪獣」にすぎないのかもしれない。

それでも中世においては、キマイラは悪魔ではないまでも、肉欲の象徴あるいは売淫の象徴として、なかなか派手な存在だったらしい。ランスの大聖堂の柱頭彫刻などを見られたい。おもしろいのは、十二世紀のレンヌの司教マルボードが、悪徳の女を口をきわめて罵っている文章で、そのなかで彼は女をキマイラと呼んでいるのである。「キマイラよ、ひとは汝にきわめて適切にも三つの形体をあたえた。すなわち前方には獅子、後方にはドラゴン、そして中央には熱く燃えた火を。これが娼婦の本性をかくす幻のイメージなのだ。なぜかと言えば、彼女はその餌食をさらってゆくために、いかにも上品な外観を装いながら、獅子の口を突き出すからだ。この見かけの上品さによって、彼女は犠牲者を手に入れるや、その愛欲の焔で彼らをむさぼり食うのだ。」

中世の聖職者は女をキマイラ扱いしたが、すでにコペルニクスの革命を経験した十七世紀の中葉ともなると、今度は人間すべてをキマイラ扱いする哲学者が現われてくるのだから愉快である。その哲学者の名前はパスカルという。『パンセ』から次の文章を引用しよう。

「人間はそもそもいかなるキマイラであろうか。何という奇妙、何という怪異、何という混沌、何という矛盾にみちたもの、何という驚異であることか。あらゆるものの審判者にして、地中の愚かな虫けら。真理を託された者にして、不確実と誤謬の溜り場。宇宙の光栄にして、宇宙の屑。」

ミルトンは『失楽園』で、キマイラをゴルゴン、ヒュドラとともに地獄に追い落したが、十九世紀の作家や詩人たちはいずれも概して、キマイラに対して甘いような気がする。ボードレールは「おのがじしキマイラを負う」を書き、ネルヴァルは『キマイラ詩集』を編んだ。フローベールは『聖アントワヌの誘惑』のなかに、スフィンクスと対話する牝のキマイラを描き、ユイスマンスは『さかしま』のなかで、このフローベールの対話をそのまま利用した。画家ギュスターヴ・ドレはダンテの『地獄篇』の挿絵として、翼を生やして山の上を飛ぶ、古典的なスタイルのそれとは違った、大そう美しい男性のキマイラを描いた。現代作家では、フランスのピエール・ガスカールとドイツのルドルフ・カスナーが、「キマイラ」というエッセーを書いている。

ところで、空想上の怪獣ではなくて、現実の動物界や植物界にも、一般にキマイラと呼ばれているものがあるのを読者はご存じだろうか。

博物学者リンネによって、ラテン語の学名をキメラ・ファンタスマと名づけられたギンザメ（銀鮫）は、その名の通り、たしかに奇怪な身体的特徴を示している。現存する世界で最も古い魚類であり、深海の底に下降した最初の脊椎動物の一つであるが、このギンザメの雄には、腹鰭の一部が変形した交尾器のほかに、肉状の突起が全部で四本、まるで四足獣の足のように生えている。しかも尾鰭の先端は糸状に長く伸びて、爬虫類の尾にいくらか似ているのだ。だから、リンネがこれにギリシア神話の怪獣の名をあたえたのも、なるほどと納得させられる。

これに対して植物のキマイラは、やはりラテン語でキメラと呼ばれているが、一つの植物体中に遺伝子型の異なる組織が隣り合って存在する現象をいう。その古典的な例は、一八二六年、フランスの園芸家アダンがエニシダの仲間から作った接木雑種、つまり、キバナフジの内部組織をベニバナエニシダの外部組織で包んだ周辺キメラ、名づけてキティスス・アダミ（アダンのエニシダ）だった。

どうやらキマイラは、自然の逸脱あるいは放蕩の象徴でもあるかのようだ。そう考えれば、幻想博物誌の最後をキマイラで終えるのは、まことにふさわしいとも言えよう。

怪物について

フランス十六世紀の外科医で、近代医学の先駆者のひとりと目されているアンブロワズ・パレ（一五一〇?—一五九〇）を思うと、私はどういうものか、パレよりも十七年ばかり早く生まれた、同じくスイスの外科医パラケルススの名前を思い出さずにはいられない。むろん、性格がきわめて狷介かつ傲慢で、他人と和することを知らず、生涯を放浪のうちに送った一種の奇人ともいうべきパラケルススにくらべて、パレの方は、どちらかといえば温厚篤実なヒューマニストではある。しかも彼は保身の術に巧みで、低い身分の出であったにもかかわらず、最後にはヴァロワ王朝の宮廷付外科医という名誉ある地位にまで栄達している。性格や経歴は全く反対だ。しかし私が注目するのは、そういう性格や経歴ではなくて、この二人のルネサンス期の巨人が、二人ながら、古典の権威を物ともせず、何よりも自分の経験と実験を重んじて、治療医学の分野に新らしい技術と発明をもたらした、という点なのである。

パラケルススはバーゼル大学で、ヒポクラテスやガレノスの書を古典語で解釈するだけが本道と見なされていた、それまでのアカデミックな慣例を破って、はじめてドイツ語で講義をした。その著作もドイツ語で書いた。一方、パレは当時のいわゆる理髪師兼外科医で、正規の医学教育を受けなかったため、古典語に暗く、その著書をすべてフランス語で書かざるを得なかった。この点も似ている。当時の保守的な医学界から、ありとあらゆる非難攻撃や迫害を受けねばならなかったという点でも、二人の立場は共通している。彼らが身分の貴賤を問わず、あらゆる階層の人々に救いの手をさしのべたということも、その医者としての信念および使命感において、よく似ているとは言えないだろうか。両者とも、知識の源が古典でなく、現実の中にあったのである。

さらにまた、彼らが二人とも、一方では徹底した合理主義者でありながら、他方では時代思潮を反映して、牢固たる神秘主義哲学の砦を守りつづけたということも、似ていると言えば似ている点ではあるまいか。周知のように、パラケルススは十六世紀最大の魔術師であり、令名高き錬金術師である。その事績や伝説については、私もこれまでたびたび書いたことがある。それではアンブロワズ・パレの神秘主義とは、どんなものであったろうか。

パレは文章家としても一流で、フランス文学史にその名を残しているほどであるが、有名なマルゲーニュ編の全集三巻のうち、畸形や怪物の問題を扱った著作が相当の数にのぼっている。たとえば一五七三年、ユゼス公に捧げられた論文『人間の生殖および母胎から子供を取り出す法』の続篇には、『怪物および異象について』という作品があり、一五八二年、ある軍人に捧げられた作品には、『ミイラ、毒、一角獣およびペストの説』というのがある。さらに『動物および人間の優越に関する書』というのもあって、これらはいずれも、十六世紀に特有な博物学趣味、まだ伝説と科学とが分離するよりも以前の、奇異な自然現象に対する当時のインテリの好奇心の現われともいうべきものなのである。

パレは、奇怪な自然現象の生じる原因をあれこれ数えあげるが、それらの説明は、義理にも科学的と言えるものではない。パレの合理主義的な精神に過大の期待をいだく批評家は、こうした彼の神秘主義的な怪物好み、畸形好みに、ややもすれば不満を表明しがちであるが、しかし私に言わせれば、それは彼の自然に対する生き生きした好奇心を証明するものであって、不健康なものでは全くないのである。五本足の羊や双頭の牛を見世物として眺めたり、博物館にコレクションしたりする精神は、決して不健康なものではなく、むしろ健康の証左だろう。男色者の地に注がれた精液から、怪物の生じる可能性があることをパラケルススが信じたように、パレもまた、臆するところなく、獣姦から怪物の生まれる可能性を信じたのだった。

パレの怪物論には、ヒポクラテス、アリストテレス、プリニウスのような古代の博物学者から、リュコステネス、ピエール・ボワトー、アンドレ・テヴェなどといった同時代の怪物誌作者や年代記作者の名前まで、おびただしい著作家の名前が引用されており、彼が古典語は読めなくても、おそらく翻訳書の仲介によって、古今東西にわたる非常に広範な知識を得ていたらしいことが想像される。ベルギーの鬼神論者ヨハン・ヴァイエル、スイスの動物学者コンラッド・ゲスナーなどの明らかな影響も見られる。私は、いずれ機会があれば、前に挙げておいたパレの『ミイラと一角獣の説』もぜひ紹介したいと思っているが、ここでは、もっぱら『怪物および異象について』に限って論述をすすめて行こう。

『怪物および異象について』は、一種のイメージの書として楽しむことも可能だろう。本文とともに、豊富なイラストレーションが挿入されていて、いやが上にも読者の想像力を掻き立てるような仕組みになっているのである。もっとも、それらのイラストレーションは、必ずしもパレの独創ではなくて、同じ頃に出たゲスナーの『動物誌』やテヴェの『宇宙誌』から借りられたものも多い。一五七五年にテヴェの『宇宙誌』が刊行されると、パレは熱心にこれを読んだらしく、その後の自著の再版（一五七九年）では、テヴェの本文およびイラストレーションを大幅に採り入れているのだ。

全体は三十八章に分れており、まず第一章では、畸形の発生する十三の原因を挙げ、以下の章で、その具体的な実例を示している。しかし著者が最も力を入れたと思われるのは、終りに近い第三十四、三十五、三十六章であって、ここでは、それぞれ「海の怪物」「鳥の怪物」「陸の怪物」が扱われている。挿絵もいちばん多くて、私には、この部分が最もおもしろい。

それはともかく、パレの述べている、畸形の発生する十三の原因なるものを次に列挙してみよう。

まず第一は神の栄光であり、第二は神の怒りである。第三は精液の過多量（その結果、双頭の子供やシャム双生児や両性具有者が生まれる）であり、第四は精液の過少量（その結果、肉体の一部の欠如した人間が生まれる）である。第五は想像力（妊娠中の女が妄想したり、いつも同じ絵を眺めていたりすると、それが子供の肉体に現われる。たとえば、白人女の絵をいつも眺めていたエティオピアの女王が、白い肌の娘を生んだり、獣の皮を着た聖ヨハネの像を眺めていた妊婦が、熊のように毛だらけの娘を生んだりする）であり、第六は子宮の狭窄である。第七は、妊娠中の母親が長いこと、行儀悪く脚を組んで坐っている場合に、腹部を圧迫されることによって起る。第八は、妊婦が腹部に打撃を受けたり、高いところから落ちたりした場合に起る。第九は遺伝の病気であり、第十は腐敗（墓穴や石のなかで、蛇や蛙が自然発生することがある）である。第十一は精液の混淆（獣姦の結果、半人半獣の怪物が生まれる）であり、第十二は、乞食が同情を惹こうとして、不具者や病人のふりをすること（これを畸形に分類するのは、私たちには納得いたしかねる）である。そして最後の第十三は、悪魔の仕業である。

遺伝学や発生学の知られていなかった時代とはいえ、こうして十三カ条を挙げてみると、パレの説明のいかに非科学的、非合理的であるかは一目瞭然であろう。しかし一種の胎教のようなことを述べている点（第五）などは、注目に値するであろうし、神や悪魔の超自然的な力を述べる際にも、できるだけ合理的な因果関係をそこに発見しようと努力している姿勢は十分に認められる。まあ、伝説から科学への過渡期の苦悶を、私たちはそこに正しく認めて、この十六世紀の外科医の心理学的洞察力やら観察眼やらを、文字通り過不足なく評価しなければならないだろう。

では次に、海と鳥と陸の怪物を扱っている部分（第三十四章以下）を、少しく仔細に眺めてみよう。
「海の怪物」の項で、海産の貝の種類がいかに多様であるかを述べながら、著者は次のような詠嘆的な言葉を発している。すなわち、「海にはかくも奇妙な、かくも多様な貝の種類が存するので、偉大な神の侍女である自然が、これらの貝を作って遊んでいるのではないかと思われるほどだ」と。これに類する言葉は、書中の随所に見られるところで、パレにとっては、自然の多様性、しかも調和のとれた多様性という観念が、そもそも博物学の書物を書かんとする深い動機をなしていたのではあるまいか、と考えられるほどである。

たとえば、自然はオロボン（山猫の頭をした一種の鰐《わに》）のような、アロエ（鵞鳥の頭をした怪魚）のような、海の蝸牛《かたつむり》のような、あるいは鯨のような、途方もない巨大な怪魚を創造しては楽しんでいる。パレは鯨を「海中に存する最大の怪魚」と呼んでおり、その椎骨の一本を「珍らしい物として我が家に保存している」と語っている。海の蝸牛というのは、サルマティア海（現在のバルティック海）に棲む「樽のように巨大な」怪魚で、形は陸上のカタツムリに似ているが、鹿のような角をもち、その角の先端にある球は真珠のように光り、その眼は燈明のように爛々と輝き、その鼻には猫のように髭があり、口は大きく裂け、四本の鰭で泳いだり歩いたりするという水陸両棲の動物だ。むろん、こんなものが現実に存在するわけはないが、当時の博物学者は、陸と海には必ず相似たものが存在するはずだという、一種のアナロジーの理論によって、こうした怪獣の実在を半ば本気で信じたらしいのである。

鰐の一種オロボン

　自然の巧智は、もとより巨大な怪物を作り出すだけで満足しはしない。時には巨嘴鳥《トウーカン》のように、身体の一部が異常に大きく発達した動物をも生ぜしめる。巨嘴鳥は、「身体のその他の部分よりも嘴の方が大きい」鳥で、胡椒しか食べず、そのために体温がいつも熱いという不思議な鳥である。南米産で、かつてフランス国王シャルル九世に献呈されたが、すぐ死んでしまったので、自分が解剖して剥製にした、とパレは語っている。身体の一部が異常に大きい動物には、そのほかにもジラフがある。またメキシコの湖に棲むホーガという怪魚は、豚のような頭をしており、性質きわめて兇暴で、時には自分よりも大きな魚を襲って食う。これに反して、象は巨軀の持主であるにもかかわらず、性質がきわめて温順である。また、プリニウスも語っている小判鮫《レモラ》という小さな魚は、どんな大きな船にでも吸いついて、これを動けなくしてしまう。このように、見かけによらず、思いがけない性質を示す動物がたくさん存在するのだ。駝鳥は鳥の構造をしているが、しかし空中を少しも飛翔せず、反対に飛魚は純然たる魚であるが、海中から群をなして空に舞いあがる。

巧みな自然は、時には画家もしくは彫刻家のように、その作品を丹念に仕上げることもある。たとえば、前にも引用したホーガという魚について、パレは次のように書いている。すなわち、「この魚が水中で遊んでいるところをごらんいただきたい。あたかもカメレオンのごとく、あるいは緑に、あるいは黄色に、そして次には赤にと変化するところが眺められるであろう」と。海の猪という怪魚は、鱗が螺旋状をなして整然と並んでおり、まさに「自然の名人芸」を見る思いがする。

前にもちょっと触れたが、このような自然の巧智、自然の調和という観念が成立するためには、大宇宙と小宇宙とが互いに反映し合うという、あの新プラトン主義哲学

海の蝸牛

風のアナロジーの理論がなければならない。そして事実、パレの精神にもまた、人間は一個の小宇宙であって、大宇宙としての世界の反映にほかならないという、哲学的な信念がひそんでいたのである。医学の目的も、人体の各部分の固有の働きを知ることによって、そのアナロジーである世界全体の調和を知ることでなければならない。人間を知ることは、すなわち世界を知ることなのであり、その逆もまた成立するのである。そういう考え方が、パレの著書の随所に発見される。

プリニウス（『博物誌』第九巻二章）は次のように書いている。「正しい理由から言い得ることは、地上に存するものは海中にも存するということだ。単に地上の獣の形をした魚がいるばかりでなく、生命のない多くのものの形もある。海の葡萄、海の剣、海の爪が存在するように、地上の胡瓜とそっくりな色と匂いをした、海の胡瓜も存在する。そうとすれば、馬の頭とよく似た鼻面をした、鱗のある小魚が見つかったからといって驚く必要があろうか」と。海の葡萄とは、古来、褐色藻類の一種の呼び名であったらしいが、パレはプリニウスを引用しながら、これについて述べている。海とは、いわば汲めども尽きぬ生命の貯蔵庫であって、海の胎内には、あらゆるものを模造する神秘な力がひそんでいるらしいのだ。パレが愛誦した当時の貴族詩人、デュ・バルタスの『聖週間』にも、

海は隣りの領域と全く同じい
その薔薇、そのメロン、その石竹、その葡萄を所有する……

という詩句がある通りである。注目すべきは、パレの記録している「海の怪物」のほとんど大部分が、何らかの別の生物に似ているという特徴を有していることだろう。海トリトンとセイレーンの一対は、人間の男女とアナロジカルであるし、海の僧侶、海の司教、海の獅子、海の馬、海の仔牛、海の猪、海の牝豚、海の象などは、要するに地上の存在をそのまま海中に移しただけにすぎないような、まことに単純なアナロジーの産物と言うべきだ。つまり、海は全宇宙を反映するのに大童になっているわけな

のである。角を生やした海の悪魔さえ、パレの書物には欠けていない。海は宇宙の忠実な鏡なので、海に棲む生きもののなかには、人間の活動を真似する者もいる。熱帯産の鸚鵡貝は、パレの言うところによれば、「ガリー船の真似をして海上を走る」のである。帽子の羽飾りに似ているので、海の羽飾りと呼ばれる一種の海産動物は、その先端が男根の形をなしていて、「生きていれば膨脹して大きくなり、死ねば萎えて弛緩する」という。

巨嘴鳥

同時代のイタリアの自然哲学者ジロラモ・カルダーノも、その『繊細について』のなかで、海は「生命力にみち、怪物にみちている」と述べている。「だから自然は魚に、あらゆる地上の獣の形をあたえ、男をトリトンによって、女をネレイスによって表現したのであり、象を海の象によって表現したのである」と。

これは、パレのアナロジーと全く同じ筆法であり、パレが明らかに、カルダーノ風の十六世紀の自然魔術の影響を受けていたことを物語っていよう。

海が全自然を反映する鏡であるならば、海以外にも、そういう鏡を構成するような何らかの領域が、当然、考えられてよいはずであろう。『怪物および異象について』の第三十七章は「空の怪物」を扱っているが、ここでもパレは、天体の神秘について論じながら、同じようなアナロジーの論理を駆使するのである。空の星々が秩序正しい舞踊を演じているのは、人間社会とそっくりではないか。六個の遊星がまめまめしく太陽に随行しているのは、貴族と王の関係に等しくはないか。

さらにまた、天界が人間世界を反映するように、下級の領域が上級の領域を反映するという場合もある。「石や植物のなかに、人間の像や動物の像が見えることがある」とパレは書いている。これも、プリニウスから十七世紀のアタナシウス・キルヒャーにまで及ぶ、自然魔法の流れのなかに完全に位置づけられる考え方であろう。だから、「豊饒な自然は優秀な小宇宙のなかに、あらゆる種類の物質を投入して、これを大宇宙の生き生きしたイメージに近づけようとする」というパレの文章（『天然痘を論ずる書』一五六八年）があるのも、少しも驚くべきことではないのである。大宇宙が小宇宙を模倣するように、小宇宙も大宇宙を模倣するのだ。瘤とか、膀胱結石とか、体内で生じた虫とかいったものも、したがって、私たち人間にとっては無益な余分のものでしかないが、自然にとっては、決してそのようなものではない。そうした余分のものによって、自然は宇宙的な照応を実現しているのだから——。

こうしてみると、世界は相互に無限に反映し合うイメージ群によって組み立てられていて、事物はそれぞれ一個の独立性を保ちながらも、決して個々の存在のなかに閉じこめられ、孤立しているのではなくて、ある本質的な連続によって結ばれ合っているのだ、ということになってくるだろう。この本質的な連続が、世界の調和のための必要条件だということを示しているのが、次に引用する名高いフランスの鬼神論者ジャン・ボダンの文章（『鬼憑狂』一五八〇年）であろう。

「石と土との中間には、粘土および洞窟がある。土と金属との中間には、白鉄鉱その他の金属がある。石と植物との中間には、根や枝や果実を生ずる石化植物、すなわち珊瑚の種類がある。植物と動物との中間には、感覚と運動を有し、石に付着した根から生気を得る、海綿類もしくは植物獣がある。陸棲動物と水棲動物との中間には、海狸、川獺《かわうそ》、亀、淡水産の蟹などといった、水陸両棲の動物がある。水棲魚と鳥との中間には、飛魚がある。獣と人間との中間には、猿や尾長猿がある。そして全野生動物と叡知的な自然（天使や悪魔のような）との中間に、神は人間という、その一部が肉体として滅び、他の一部が叡知として不滅な存在を位置せしめたのである。」

パレは、このジャン・ボダンの文章を読んでいたにちがいなく、『動物および人間の優越について』のなかに、そっくり同じような意味のことを書いているらしいが、『怪物および異象について』のなかでも、こういった考え方はかなり目立っている。今までにも見てきた通り、彼が名前を挙げている怪物のほとんど大部分は、鰐にせよ海の蝸牛にせよ、飛魚にせよオロボンにせよ、あるいはカンフルク（エティオピアに棲む一角獣の一種。後脚に水禽のような水掻きがある）のような怪獣にせよ、水陸両棲という顕著な特徴を示しているからである。パレはまた、海綿動物だの腔腸動物だのといった、ボダンのいわゆる「植物と動物との中間」にある生物にも大いに興味を示しているが、おしなべて、こうした傾向はルネサンス期の博物学の全般的な特徴だと言い得るかもしれない。（パレと同時代に生きたフランスの王室御用陶工ベルナール・パリッシーが、巻貝の殻から思いついた、城砦都市のプランを描いていることも、併せて思い出しておこう。）

そう言えば、前に述べたトリトンもセイレーンも、人間と魚との中間的な存在なのであり、駝鳥も、鳥と獣との合の子なのである。パレの頭の中にあるような怪物概念を、もしも一言で定義するならば、それは種《しゅ》の混淆をもたらすもの、と言って差支えないかもしれない。そして怪物のそういう性質こそ、じつは何物にも増して宇宙の調和を見事に表現しているのであり、事物の本質的な連続を明からさまに示しているのである。

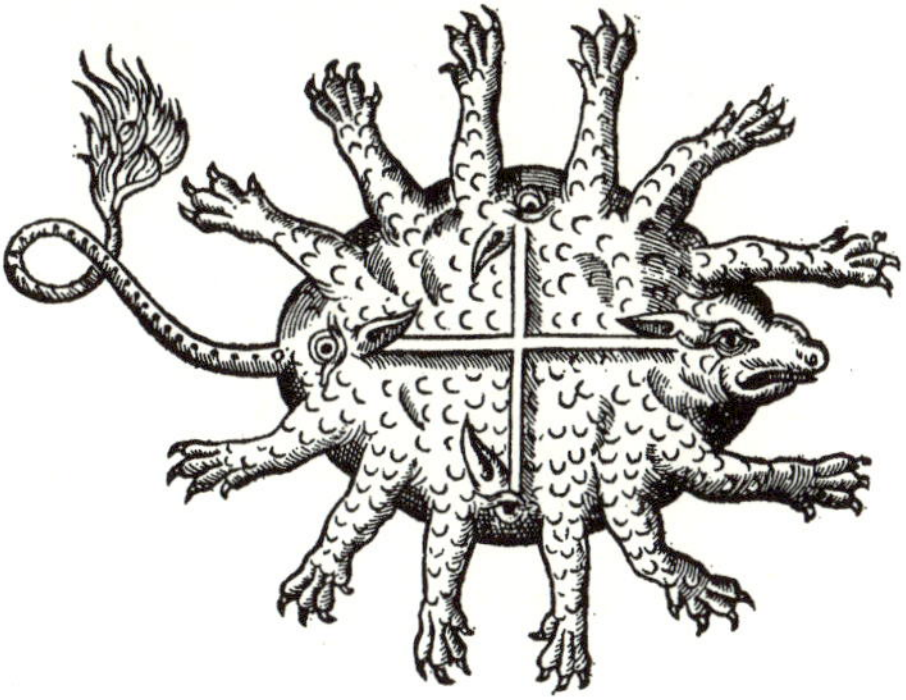

円形の怪物

私はここで、パレが「陸上の怪物」の項のいちばん最後に提示した、二つの怪物について語っておきたいと思う。パレがこの二つを怪物誌の締めくくりに置いたことは、別して意味深いことのように思われるからである。

二つの怪物のうちの一つは、アフリカに棲息する「亀に似た円形の怪物」である。完全にシンメトリックで、背中に十字形の印があり、十字形の四つの先端に、それぞれ一個の眼と一個の耳がついている。脚は十二本、円形の周囲に放射状に生えている。つまり、この獣は四方を見たり聞いたりすることができ、身体の向きを変えないで、そのまま四方に進むことができるのだ。――これこそ宇宙の調和と事物の本質的な連続を象徴する、ユングの曼荼羅そのままの怪物ではあるまいか。

もう一つの怪物は、皮膚の色を自由に変えるカメレオンである。パレによれば、「その皮膚がきわめて薄く透明なので、周囲の事物の色を鏡のように容易に反映する」のだ。――これこそ全世界を鏡のように映し出す、普遍的なアナロジーの象徴ではあるまいか。

円形の怪物もカメレオンも、世界の調和という観念に基礎を置いた、ルネサンス期の自然概念の見事な要約になっているということを思うならば、この象徴的な二つを、パレが自分の怪物誌の結末部分に置いたということも、決して偶然とは思えなくなってくる。古い怪物誌のおもしろさとは、思うに、こういうことの発見にあるのだろう。

付記。アンブロワズ・パレとパラケルススとを比較したのは、私が初めてだと思っていたら、コリン・ウィルソンの『オカルト』のなかに、この両者がめぐり合ったという事実（?）が書かれていた。ウィルソンはジョン・ハーグレイヴというひとの伝記に拠ったらしいが、私をして言わしむれば、この説は眉唾物である。

わたしの愛する怪獣たち（「わたしの博物記」）

わたしは辰年生まれで、しかも自分の名前が龍彦なので、龍という想像上の怪獣が大好きである。西洋流にいえば、ドラゴンということになる。

十二支のなかで、他のすべての動物が現実に存在する動物であるのに、辰（龍）だけが空想上の動物であるというのは、わたしの自尊心を快くくすぐる。辰年生まれの人間は、口から火の球を吐き出して天を翔けるドラゴンのように、なにか神秘霊妙な力を授かっているのではなかろうか、とも思っている。

昔は、お正月の凧にも龍凧というのがあって、よく晴れた冬の空を、墨痕あざやかに大書した、堂々たる「龍」の字の凧がいくつも舞っていたものだった。今では、漢字制限で龍の字が用いられなくなり、「竜」と書くようになったが、これでは全く感じが出ないのである。わたしは自分の名前を署名するときにも、絶対に竜彦とは書かず、必らず龍彦と書く。竜という字は、何だかひょろひょろしていて、シッポがあるようで、亀という字みたいで、気色がわるいのである。印刷された雑誌の紙面に、竜彦とあるのを見ると、わたしはがっかりしてしまう。

今年の冬、わたしは胸に黒で龍の模様を刺繡した、真赤なセーターを愛用していた。「あら、お兄ちゃん、ずいぶん派手なセーターね」などと妹たちに冷やかされたりした。

小さなタツノオトシゴの縫い取りのある、ワン・ポイントの靴下もときどき用いる。ズボンをちょっと持ち上げて、それとなく人に見せてやる。「誂えたのですか？」などと人は聞くが、とんでもない、デパートでたまたま見つけて買ったにすぎない。本物のタツノオトシゴをプラスチック製のプレートの中に封じこめた、キーホルダーも愛用しているが、これはごく最近、鎌倉の貝細工店で見つけて買ったものだ。

このへんで、しばらくドラゴンの身元調査をやってみよう。

南方熊楠翁の綿密な考証によると、ドラゴンはインド、シナ、日本、メキシコ、ペルシア、ギリシアなどの、あらゆる国々の神話に登場する。一般に東洋では、ドラゴンは神聖な霊獣と見なされており、ギリシアでは金羊毛やヘスペリデスの林檎の樹の守護者の役目を負わされている。（決して眠らないと言われているのはそのためだ。）ところが、キリスト教の伝説では、ドラゴンは悪の精神の権化なのである。

聖書の黙示録には悪魔はドラゴンの姿によって表わされており、デューラーの有名な木版画集によって知られる通り、悪魔ドラゴンは、大天使ミカエルの槍に刺しつらぬかれて滅ぼされるのである。かように、キリスト教で、ドラゴンが悪の精神と同一視されるにいたったのは、たぶん、誘惑の蛇とドラゴンとが混同されたためにちがいない。もともと悪獣ではなかったのである。

ヨーロッパの絵画で、もう一つ、ドラゴンの代表的な表現となっているのは、聖者ゲオルギウスに打ち倒されるドラゴンのそれであろう。甲冑を着たロオマの軍人ゲオルギウスが、白馬にまたがり、長い槍をもって、醜怪な悪龍を退治し、美しいカッパドキアの王の娘を救っている図である。ウッチェロ、ラファエロ、カルパッチオなどの絵が有名だ。

わたしは、ヨーロッパ中世の素朴な博物誌が大好きで、ドラゴンばかりでなく、そこに登場する奇想天外な、さまざまな動物たちの姿をつねづね大いに愛好している。中世の当時は、東洋と西洋との交通も頻繁には行なわれず、各地の伝説や迷信が本気で信じられていたから、動物学の領域にも空想が自由に羽ばたき、あやしげな見聞録や旅行記が、無邪気なひとびとの好奇心を惹きつけていたのである。

学者でさえ、当時は人魚の存在を信じていたし、不死鳥《フェニックス》のような魔法の鳥の実在を信じている博物学者もあった。不死鳥は香料ばかり食べて、五百年間生きると、棕櫚の樹の頂きに、肉桂や甘松香や没薬《もつやく》を集めた一種の巣をつくり、その香ばしい巣のなかで、みずから燃えて死ぬのである。やがて燃えつきた灰のなかから、新しい不死鳥が誕生する。

ペルシア軍に捕えられてインドまで行った、当時の名高い旅行家クテシアスのごときは、犬の頭をした人間が実在することを得々として語っている。「インドの山地には、犬の頭をした人間がいる。彼らは言語をもたず、全身黒くして吠えるばかりである。しかし正義の観念をもっており、インド人と交易している。彼らは推定十二万人ほどで、森の樹の葉の中で眠るらしい」と。

近頃は、テレビや漫画の影響で、怪獣ブームと言われるような風潮があるらしいが、しかし、いかにテレビの怪獣を見て喜ぶ子供だって、怪獣の存在を本気で信じているほど無邪気な子供は、おそらく一人もあるまい。現代の子供は、科学の合理性を信じながら、純粋に空想上の楽しみとして、非合理な怪獣の超自然的な能力をもっぱら嘆賞しているのである。ところが中世という時代には、当時の最高の学者やインテリまでが、大まじめで怪獣の存在を信じ、これを書物のなかで細かく描写したり、論証したりしているのだから、まことに驚くべきである。

また中世の動物誌には文章とならんで、いろんな怪獣の姿を描いた木版の絵が、挿絵として収録されていて、それがじつに稚拙な味があって、面白いのである。また動物の習性には、それぞれ寓意があって、多くの場合キリスト教的な道徳的解釈が行なわれているのも、当時の動物誌の特徴であった。

たとえば、ナイル河の岸に棲むペリカンという鳥は、自分の胸を食い破って血を流し、その血で雛鳥を養うと言われていたが、これはみずから十字架の犠牲になって人類を救った、キリストの象徴なのである。

人魚《セイレン》は古来、鳥の身体、婦人の顔、長い髪の毛をした空飛ぶ女性であって、必ずしも海の怪物ではなかったが、いつ頃からか、鱗のある下半身が魚のような女性のイメージに変化した。

ホメロスの『オデュッセイア』の記述も、人面鳥身の女怪となっている通り、オデュッセウスの船のまわりで美しい歌を歌い、波間に船を引きずりこもうと誘惑するのは、水に棲む人魚ではなかったのである。水に棲む人魚のイメージは、どうやらゲルマン伝説の妖精ウンデネ（オンディーヌ）のそれから由来したもののごとくである。サラマンデル〔サラマンドラ〕（火蜥蜴）という動物も、実在するものではないが、わたしの大そう好きな怪獣だ。

十六世紀イタリアの有名な彫刻家ベンヴェーヌート・チェリーニは、波瀾万丈の生涯を送った人で、貴重な自伝を残しているが、その自伝のなかに、おもしろいサラマンデルの挿話があるので、次に引用してみよう。

「私が五歳のとき、たまたま父は地階の室にいた。ここでは家の人が洗物をしていた。そして槲《かしわ》の枝がさかんに燃えていた。父はヴィオラを持ってきて、火の端で、ひとりでそれを弾きながら歌っていた。その日は大へん寒かった。父がふと火の中をみると、その最もさかんに燃えている焔の中にトカゲのような可愛い動物がいて、しかも烈火のあいだで、戯れているではないか。それが何であるかをすぐ知った父は、妹と私を呼び寄せて、その動物を指さして見せると、私の耳の上をしたたか打った。私は声をはり上げて泣き出した。父は私をすかして、こう言い聞かせたのだった。

『いい子だ、いい子だ、お前が悪戯をしたから打ったのじゃない。あの火のなかにいるトカゲは、サラマンデルという珍しい動物だということを、お前に教えておきたかったのさ。いいかね、信用のおける話では、今までにこの動物を見た者は、めったにいないのだよ。』

父はそう言って私に接吻して、いくらかのお金をくれた。」

この話によると、サラマンデルという不思議な能力をもった動物は、たしかに実在するかのようであるが、しかし一方、科学的に考えれば、烈火の中にじっと踏みとどまっていられるトカゲなどは、残念ながらやはり存在するはずがないと言わねばなるまい。

それでも火の中に棲むトカゲの伝説は、アリストテレスやプリニウスの昔からあって、彼らの説によると、この動物はただ火焔に犯されぬばかりでなく、これを消してしまうともいう。そこで、後世になると、火の用心のために、煖炉の装飾として、サラマンデルの紋章をマントルピースに彫りつけたりした。

ケンタウロスという怪物は、頭から腰までが人間で、下半身が馬の身体をしているグロテスクな怪獣だ。これにも種類があって、半人半驢馬のケンタウロスは、「オノケンタウロス」、半人半獅子のケンタウロスは「レオントケンタウロス」と称した。

ケンタウロス誕生の由来には、ギリシア神話で二説ある。まずその一つは、ゼウスの妻ヘラに思いをかけた不逞の若者イクシオンが、女神の寵愛を受けたかのような嘘を言いふらして歩いた。そこでゼウスおよびヘラの二神は甚だしく立腹、イクシオンを罰してやるために、一塊の雲をヘラの姿にして彼にあたえた。イクシオンは、雲を女神だと思って、これと交わった。この雲がたちまち身ごもって半人半馬の怪物を産み落とした、というのである。

もう一つの説は、次のごとくである。すなわち、横暴なゼウスが自分の娘ウェヌスを凌辱しようとした。ウェヌスは抵抗し、ゼウスの精は地に洩れて、そこからケンタウロスが誕生した、と。

バジリスコスという怪獣は、雄鶏の脚、蛇の尾、ドラゴンの翼をもった怪物で、頭上に三角の王冠をかぶっている。蛇類の王だからである。プリニウスによると、「バジリスコスは他の蛇のように、身体をうねうねさせて歩行しない。身体を直立させて進む。その力は、相手に触れなくても、息を吹きかけただけで殺すことができるほどだ。また岩をも裂く」と。

別の意見によると、バジリスコスは一睨みで、生きとし生ける者を雷撃のように殺してしまう。この怖ろしいバジリスコスは、雄鶏の卵（雌鶏ではない）をヒキガエルまたは蛇に暖めさせて、孵化させると生ずると言われる。また、蛇が雌のイビス（朱鷺の一種）に生ませた卵から生ずるともいう。

ただし、この無敵の蛇の王にも弱点があって、イタチの悪臭にはどうしても我慢できないらしい。だからバジリスコスを退治するには、その穴のなかにイタチを追いこめばよい。付近の土地が焼け焦げているので、バジリスコスの穴はすぐ見つかる。また雄鶏の鳴き声を聞くと、バジリスコスはたちまち死ぬともいう。

雄鶏が卵を産むとは、何とも奇怪千万な話であるが、この点について、古いギリシアの動物誌には次のようにややくわしく説明してある。

「雄鶏は七年生きると、その腹中に一個の卵を自然に生ずる。ヒキガエルは嗅覚によって、この雄鶏の胎内の毒を察知する性質をもっており、つねに機をうかがっている。そこで雄鶏が卵を産むために場所を移動すると、ヒキガエルもそのあとを追ってくるのだ。そして首尾よく卵が産み落とされると、その卵を拾って、暖めはじめる。やがて孵化して、小さな怪獣が生まれる。怪獣は、頭と首と胸は雄鶏のようであるが、下半身はまるで蛇である。動けるようになると、この怪獣は、たちまち地の裂け目に身をかくしてしまう。」

どうやらこの雄鶏の卵というのは、体内に自然にたまった毒、呪われた生命の胚のごときものらしい。中世の怪獣の生理学も、なかなか複雑で、端倪すべからざるものがあるようだ。

このほかにも、中世の動物誌に登場する空想的な怪獣には、たとえば、一角獣、グリフォン（半鷲半獅子の怪獣）、キマイラ（噴火獣）、ヒドラ（七頭蛇）などといった不思議な動物がいるが、まあ、今回はこのへんで筆をおこう。

宇宙時代の巨大な怪獣、ガメラやギャオスよりも、わたしは、こんな無邪気な中世人の夢が考え出した数々の怪獣を、はるかに愛すべき動物のように思うのである。

プリニウスと怪物《かいぶつ》たち

二〇一四年 八 月一〇日　初版印刷
二〇一四年 八 月二〇日　初版発行

著　者　澁澤龍彦《しぶさわたつひこ》

発行者　小野寺優
発行所　株式会社河出書房新社
〒一五一―〇〇五一
東京都渋谷区千駄ヶ谷二―三二―二
電話〇三―三四〇四―八六一一（編集）
〇三―三四〇四―一二〇一（営業）
http://www.kawade.co.jp/

ロゴ・表紙デザイン　粟津潔
本文フォーマット　佐々木暁
印刷・製本　中央精版印刷株式会社

Printed in Japan ISBN978-4-309-41311-2

エロティシズム 上・下

澁澤龍彦〔編〕 40583-4 40584-1

三十名に及ぶ錚々たる論客が、あらゆる分野の知を駆使して徹底的に挑んだ野心的なエロティシズム論集。澁澤自らが「書斎のエロティシズム」と呼んだ本書は、快い知的興奮に満ちた名著である。

唐草物語

澁澤龍彦 40473-8

平安期からティムール王朝、ヘレニズムからルネッサンス、始皇帝からサド侯爵……。古今東西の典籍を自在に換骨奪胎・駆使して、小説とエッセイのあわいを縫いつつ物語られた、十二の妖しい幻想譚。泉鏡花賞受賞。

サド侯爵 あるいは城と牢獄

澁澤龍彦 40725-8

有名な「サド裁判」でサドの重要性を訴え、翻訳も数多くなし、『サド侯爵夫人』の三島由紀夫とも交友があった著者のエッセイ集。監禁の意味するもの、サドの論理といった哲学的考察や訪問記を収めた好著。

ねむり姫

澁澤龍彦 40534-6

時間と空間を自在にたわめる漆黒の闇を舞台に、姫と童子が綾なす、妖しくも魅力あふれる夢幻の物語。幻想文学の旗手澁澤龍彦が、明澄な語りの光学で織りなす、エロスを封じこめた六篇。

私の少年時代

澁澤龍彦 41149-1

黄金時代——著者自身がそう呼ぶ「光りかがやく子ども時代」を飾らない筆致で回想する作品群。オリジナル編集のエッセイ集。飛行船、夢遊病、昆虫採集、替え歌遊びなど、エピソード満載の思い出箱。

私の戦後追想

澁澤龍彦 41160-6

記憶の底から拾い上げた戦中戦後のエピソードをはじめ、最後の病床期まで、好奇心に満ち、乾いた筆致でユーモラスに書かれた体験談の数々。『私の少年時代』に続くオリジナル編集の自伝的エッセイ集。